女人越通透，活得越高级

朱凌 常清 著

北方文艺出版社

图书在版编目（CIP）数据

女人越通透，活得越高级 / 朱凌, 常清著 . —— 哈尔滨：北方文艺出版社, 2019.1

ISBN 978-7-5317-4180-0

Ⅰ.①女… Ⅱ.①朱… ②常… Ⅲ.①女性 – 人生哲学 – 通俗读物 Ⅳ.①B821-49

中国版本图书馆 CIP 数据核字（2018）第 276736 号

女人越通透，活得越高级
NÜREN YUE TONGTOU HUODE YUE GAOJI

作 者 / 朱 凌　常　清

责任编辑 / 王　丹　赵　芳　　　　　装帧设计 / 仙　境

出版发行 / 北方文艺出版社　　　　　网　址 / www.bfwy.com
邮　编 / 150080　　　　　　　　　　经　销 / 新华书店
地　址 / 哈尔滨市南岗区林兴街3号
发行电话 /（0451）85951921　　85951915

印　刷 / 嘉业印刷（天津）有限公司　　开　本 / 880×1230　1/32
字　数 / 180 千　　　　　　　　　　印　张 / 7
版　次 / 2019 年 1 月第 1 版　　　　　印　次 / 2019 年 1 月第 1 次印刷

书　号 / ISBN 978-7-5317-4180-0　　定　价 / 39.80 元

目录　CONTENTS

目录　CONTENTS

目录　CONTENTS

目录 CONTENTS

目 录 CONTENTS

目 录　C O N T E N T S

目录 CONTENTS

目 录　CONTENTS

第一章

幸福不是去外面要，
而是去内心找

一无所有时，把阳光握在手里

生活中，每一个人都不可避免地会经历幸福时的欢畅、顺利时的激动、委屈时的苦闷、受挫时的悲观和选择时的彷徨，这就是人生。人生就是一碗酸、甜、苦、辣、咸五味俱全的汤，每种滋味都要品尝。

然而，生活并非只有无奈，而是可以凭自身主观努力去把握和调控的。做最阳光的自己，人生就可以操之在我。

阳光是世界上最纯粹、最美好的东西。它驱除阴暗，照耀四方，让人心旷神怡；它沐浴万物，让世界充满向上和成长的力量；它坦荡无私，播撒着快乐与博爱的光芒。

一个阳光的人，总是能够自由自在地生活，勇于选择和承担生活的责任，不受尘世的约束却又深情细致。

有阳光，当然也会有阴影。当阴影来临时，就是自我沉潜、韬光养晦的时机。即使阴影仍在头顶上盘旋，内心充满阳光的人也没有悲伤，因为在他们的内心还留有幸福的余温。

人生阳光与否，其实是人的一种感觉，一种心情。外部世界是一种境况，我们的内心又是另外一种境界。如果我们的内心觉得满足和幸福，我们就快乐；我们的心灵灿烂，外面的世界也就处处充满着阳光。

一个刚入寺院的小沙弥，心有旁骛，忍受不了寺院的冷清生活，甚至有了轻生的念头。这一天，他独自一人走上了寺院后面的悬崖，就在他紧闭双眼，准备纵身跳下时，一只大手按住了他的肩膀。他转身一看，原来是寺院的老方丈。

小沙弥的眼泪马上流了下来，他告诉方丈，自己已看破红尘，只想一死了之。

老方丈摇摇头，对小沙弥说："不对，你拥有的东西还有很多很多，你先看看你的手背上有什么？"

小沙弥抬手看了看，讷讷地说："没什么呀？"

"那不是眼泪吗？"老方丈语气沉重地说。

小沙弥眨眨眼睛，又是热泪长流。

老方丈又说："再看看你的手心。"

小沙弥又摊开双手，对着自己的手心看了一阵，不无疑惑地说："没什么呀。"

老方丈呵呵一笑，对小沙弥说："你手上不是捧着一把阳光吗？"

小沙弥怔了一下，心有所悟，脸上也泛起丝丝笑容。

只要心中留下一片阳光，纵使周围是无边的黑暗和寒冷，你的世界也会明媚而温暖。掬一把阳光，整个太阳便笑在掌心里，魅力四射。

何不为心灵敞开一扇门，让自己通向更高层次的觉悟？让生命可以得到更多的能量，和本我接近，最后，探源至精神的最光亮处，获得人生的圆满。

作家焦桐说："生命不宜有太多的阴影、太多的压抑，最好能常常邀请阳光进来，偶尔也释放真性情。"

爱若是生命的原动力，觉悟就是生命的源头，而生命就是阳光。活着，就是要寻找属于自己的光亮。

生命通过不同形式的传达，有了不同的人生境界。生命里确实承受不起太多的阴影，在生命停泊的港湾，让我们一起邀请阳光走进来，寻找属于自己的阳光，做最阳光的自己。

幸福不一定非得 100 万

俗话说，人生失意无南北，宫殿里也会有悲痛，茅屋同样也会有笑声。只是，平时生活中无论是别人展示的，还是我们关注的，总是他人风光的一面，得意的一面。

有位哲人说过，与他人比是懦夫的行为，与自己比是英雄。这句话乍一听不好理解，但细细品味，却也有它的道理。所以，女人不要把自己的生命浪费在和别人比较上，应该与自己的心灵赛跑。

有这么一个故事：

一对青年男女步入了婚姻的殿堂，甜蜜的爱情过去之后，他们开始面对日益艰难的生计。妻子整天为缺少钱财而忧郁不乐，他们需要很多很多的钱，1 万，10 万，最好有 100 万。有了钱才能买房子，买家具家电，才能吃好的、穿好的……可是他们的钱太少了，少得只够维持最基本的日常开支。

她的丈夫却是个很乐观的人。丈夫不断寻找机会开导妻子。

有一天，他们去医院看望一个朋友。朋友说，他的病是累出来的，常常为了挣钱不吃饭、不睡觉。回到家里，丈夫就问妻子："如果给你钱，但同时让你跟他一样躺在医院里，你要不要？"妻子想了想，说："不要。"

过了几天，他们去郊外散步。他们经过的路边有一幢漂亮的别墅，从别墅里走出来一对白发苍苍的老者。丈夫又问妻子："假如现在就让你住上这样的别墅，同时变得跟他们一样老，你愿意不愿意？"妻子不假思索地回答："我才不愿意呢。"

丈夫笑了："这就对了。你看，我们原来是这么富有，我们拥有生命，拥有青春和健康，这些财富已经超过了100万，我们还有靠劳动创造财富的双手，你还愁什么呢？"妻子把丈夫的话细细地咀嚼、品味了一番，也变得快乐起来。

那些总认为自己太差的人，他们心灵的空间挤满了太多的负累，从而无法欣赏自己真正拥有的东西。其实女人不必对自己太苛求，我们又怎么知道别人一定比自己好？事实上每个人都有令人羡慕的东西，也有自己缺憾的东西，没有一个人能拥有世界的全部，重要的是自己内心的感觉。

有一个因为没有一双完整的、漂亮的鞋而苦恼的女孩，当她为自己有漏洞的鞋而闷闷不乐时，忽然有一天她看到了那个拄着拐杖要饭的没有脚的男孩，她才发现自己是多么富有，又是多么可悲。富有是因为她有一双脚，而可悲却是因为她不懂珍惜现在的生活，不懂得欣赏自己的拥有。

我们要接受自己生活中所谓不完美的地方，用"和自己赛跑，不要和别人比较"的生活态度来面对生活。如果我们愿意放下身价，观察别人表现杰出的地方，从对方的表现看出成功的端倪，收获最多的，其实还是自己。不要与别人比华丽的服装而忽视了自己真正需要提升的东西。

　　生活中，少一些抱怨，多一些感激，静下心来，放下心灵的负担，仔细品味你已拥有的一切。

不做前半生的罗子君，女人要独立

女人缺乏安全感，关于这一点，我想无论是女人还是男人都会点头表示认同。女人经常会问男人"你爱我吗""你会一直爱我吗""你是真的爱我吗"等类似的问题，甚至会设置场景考验对方，最经典的莫过于："如果我和你妈同时掉进水里，你会先救谁？"

女人，你想要的安全感，到底是什么？是一个永远不会离开的男人，一个属于自己的房子，还是一个注定美好的未来？

关于安全感，畅销书作家韩梅梅想对所有女人说："亲爱的，缺乏安全感，并不是多大的事。你只需要做一件事——永远不要找别人要安全感！"也许，走过一些路，爱过一些人，受过一些伤，才会明白，别人给的安全感都是幻觉，只会让你内心的不安肆意蔓延，就像《我的前半生》里的罗子君——她的前半生，完全依附丈夫而活，所以当丈夫的背叛突然来临，她才发现自己什么都不会，连养活自己都做不到。所以，千万不要把安全感建立在别人身上，靠谁都不如靠自己，只有自己独立，才是真正的安全感。

如何活成一个通透的女人？前提是你必须独立。独立不仅让女人得到尊重，更重要的是，它能让女人少受伤！

独立是精品女人的必备要素，几乎所有的都市女人都认可了这一观点。在事业上有主见，不受他人摆布；在生活中有自己的圈子，不会因脱离男人而孤独。独立是一种很高的境界，它需要良好的心态和全新的价值观。

做女人的极致状态是什么？不是他负责赚钱养家、你负责美貌如花，而是自顾自地美丽、优雅、有品位。

有工作的女人在物质上有独立感，这种感觉能使她们的精神独立有相对坚实的地基。但不少女人在经济上仍依赖男人，而不少男人也很自傲，把女人视为自己的私有财产，甚至轻视女人。

相对于物质独立来说，女人的精神独立更为重要，因为女人的精神是无比神秘和无比丰富的诱人世界，女人精神的独立是对自己的认可。当女人的精神世界被别人支配时，这个女人就会十分悲哀。女人可以在自己的精神世界里建立起一个美好的王国，当她自豪地感觉到自己就是这个王国的女王时，就会在现实生活中找到自信。女人的精神独立体现在她的思想是受自己支配的，而不会为别人盲目修改自己的行为。

有个女人爱上了一个她感觉极好的男人，由于感觉太好，她想让其他女朋友分享她的感觉，于是她征求她们的意见。朋友都认为，这么好的男人一定会有很多女人追，将来他很难抵挡得住诱惑。分析的结论是这种男人没有安全感，不值得交往，于是她和这男人分手了，但又因此长期痛苦。后来听说她认识的另一个女孩和他结婚了，她只能暗自心伤。

女人精神的动摇是一种不独立的表现。还有很多女人都像得了"预支恐惧症"，一接触男人就想他将来可不可靠，越想越不对，明明现在有很好的感觉，一想就恐惧了。其实生命的意义就在此时此刻的分分秒秒，如果你对一个人的感觉好，就应该跟他去共同营造更好的感觉，哪一天不好了，再与他分手也不迟。

有些女人总认为恋爱就必须结婚，假如中途分手就觉得丢人，多几次分手更是坐立不安，怕别人议论，这是一种不成熟的想法。现在的人各自都有自己的事，谁也没工夫来关注你的恋情，你分不分手是你个人的事，完全没必要紧张别人的反应。所以，女人不要傻，一定要学会在精神上独立。精神独立的女人才能真正地坚强和自信起来，即使面对变幻无常的社会，她们也不会丢掉微笑。说到底，女人独立自主的意识，最终决定了女人的独立行为。

独立的女人虽然没有小鸟依人的可爱，没有楚楚动人、惹人怜爱的泪眸，但是她们风风火火的行事作风，敢作敢为的勇气，同样也有让人眼前一亮的风采。

独立的女人虽然没有温室花朵娇艳的外表，但她是一株站立在山间临风摇曳的野菊花，在风雨霜露之中，总是披着它墨绿色的外衣，昂着淡紫色的头颅，秉持着美丽的心情，迎着凉爽的秋风唱着属于自己的情歌。

这样的女人拥有广阔的心胸、高瞻远瞩的目光。她们懂得"退而结网"的道理，她们懂得用自己的双手规划未来。她们懂得"靠山山倒，靠水水枯"的道理，她们会用自己手中的笔，在蓝图上描绘自己将要创造的山水。

　　独立的女人更具自主能力和自尊意识，也更具魅力。因此，如果想成为有持久魅力的女人，一定要树立独立自主的意识，并采取相应的行动。人没有脊梁将无法直立行走，通透的女人深知这一点，所以她们拒绝做只能依附男人的菟丝花，而是选择做自己的独立女王。

女人那么幸福,来源于知足

"怎么去拥有一道彩虹 / 怎么去拥抱一夏天的风 / 天上的星星笑地上的人 / 总是不能懂不能觉得足够……"一首五月天的《知足》唱出了现如今人们最真实的感受。知足常乐,才是对幸福定义最完美的诠释。

有一个人,偶然在地上捡到一张大钞,他得到这笔意外之财以后,总是低着头走路,希望还能有这样的运气。久而久之,低头走路成了他的一种生活习惯。若干年后,据他自己统计,总共拾到纽扣近四万颗,针四万多根,钱仅有几百块。可是他却成了一个严重驼背的人,而且在过去的几年中,他没有好好地去欣赏落日的绮丽、幼童的欢颜、大地的鸟语花香,把青春都荒废在路上了。

的确,人有了贪欲就永远不会满足,当然也就无从获得快乐,要想真正享受人生的乐趣,就应该做到知足常乐。因为知足是根、常乐是果,知足弥深,常乐的果才会丰硕而甜美,也只有知足的人才会懂得珍惜,才会开心快乐。

有一幅名字叫作"知足常乐"的画,上面记录了一个古老的故事。

一个骑高头大马的人昂首走在前面，一个骑毛驴的人悠闲地走在中间，走在后面的是满头大汗推着小木车的老汉，上面还有这么几行诗：世上纷纷说不平，他骑骏马我骑驴，回头看到推车汉，比上不足下有余。

因为知足，所以常乐。只有人心知足了，灵魂富裕了，丰盈的芳香才会从心底溢出，弥漫幸福！

知足常乐是一种看待事物发展的心情，不是安于现状的骄傲自满的追求态度。《大学》曰"止于至善"，是说人应该懂得如何努力而达到最理想的境地，懂得自己该处于什么位置是最好的。知足常乐，知前乐后，也是透析自我、定位自我、放松自我，如此才不至于好高骛远，迷失方向，碌碌无为，心有余而力不足，弄得自己心力交瘁。

知足是一种处世态度，常乐是一种幽幽释然的情怀。知足常乐，贵在调节，可以从纷纭世事中解放出来，独享个人妙趣融融的空间，对内发现内心的快乐因素，对外发现人间真爱与秀美自然，把烦恼与压力抛到九霄云外，感染自身及周围的人群，促进人际关系的逐步亲近平和。知足常乐，对事，坦然面对，欣然接受；对情，琴瑟和鸣，相濡以沫；对物，能透过下里巴人的作品，品出阳春白雪的高雅。做到知足常乐，待人处世中便充满和谐、平静、适意、真诚，这是一种人生底色。当我们都在忙于追求、拼搏而找不着方向的时候，知足常乐，这种在平凡中渲染的人生底色所孕育的宁静与温馨，对于风雨兼程的我们是一个避风的港口。休憩整理后，毅然前行，来源于自身平和的不竭动力。真正做到知足常乐，人生会多一些从容，多一些达观。

古人的"布衣桑饭，可乐终身"，是一种知足常乐的典范。"宁静致远，淡泊明志"中蕴含着诸葛亮知足常乐的清高雅洁；"采菊东篱下，悠然见南山"中尽显陶渊明知足常乐的悠然；沈复所言"老天待我至为厚矣"表达着知足常乐的真情实感。更多的时候，知足常乐融合在"平平淡淡才是真"的意境中。知足常乐，是一种人性的本真。孩童时代，我们会为拥有梦想得到的东西而喜上眉梢、笑逐颜开，烙下一串串深刻的记忆，今日重温，也许会忍俊不禁。无论行至何方、所处何位，知足常乐永远都是情真意切的延续。

所谓"人心不足蛇吞象"，人的欲望就如同宇宙中的黑洞一般，是无法去填满的，如果任其膨胀，必将后患无穷。做人就应该知足而常乐。

清理内心多余的烦恼

阳春三月，弟子们坐在禅师周围，等待着师父告诉他们人生和宇宙的奥秘。

禅师一直默默无语，闭着眼睛。突然他向弟子问道："怎么才能除掉旷野的野草？"弟子们目瞪口呆，没想到禅师会问这么简单的问题。

一个弟子说："用铲子把杂草全部铲掉！"禅师听完微笑地点头。

另一个弟子说："可以一把火将草烧掉！"禅师依然微笑。

第三个弟子说："把石灰撒在草上就能除掉杂草！"禅师脸上还是那样的微笑。

第四个弟子说："他们的方法都不行，那样不能除根，斩草就要除根，必须把草根挖出来。"

弟子们讲完后，禅师说："你们讲得都很好，从明天起，你们把这块草地分成几块，按照自己的方法除去地上的杂草，明年的这个时候我们再到这个地方相聚！"

第二年的这个时候，弟子们早早就来到了这里。原来杂草丛生的地已经不见了，取而代之的是硕果累累的庄稼。弟子们在过去的一年时间里用尽了各种方法都不能除去杂草，只有在杂草地里种庄稼这种方法获得了成功。他们围着庄稼地坐下，庄稼已经成熟了，可是禅师却已经仙逝了，那是禅师为他们上的最后一堂课，弟子们无不流下了感激的泪水。

禅师用这个问题向弟子证明，要想去除杂草，就要给杂草生长的地方种上庄稼。而这个简单的道理让这些弟子明白：当自己的心灵上长满庄稼时，就不会有杂草。

每每忙碌一天静下心来，晚上打开灯，照着镜子，对着自己的心灵的时候，我们常常会突然觉得自己很空虚，很寂寞，不知道自己每天的争名夺利是为了什么，究竟得到了什么，又真正失去了什么，心灵充满了从来没有的迷惑、不解。为了更幸福，我真的幸福了吗？没有幸福，为什么我还要继续这样的生活？什么样的我才会快乐？我爱过别人吗？我得到过爱吗？我需要爱吗？似乎这些很简单的问题都让我们无法回答自己，我们的整颗心是空的，或许就像禅师说的那样已经荒草丛生了，而此时的我们却往往在一觉醒来之后又将它忘得一干二净，又继续着我们不知道为什么的争名夺利，从来没有为自己解答这些疑问。于是这些问题就像荒草一样，越长越高，直到长满了内心；于是我们没有了自己，空虚至极。

有些人有时候会觉得寂寞，空虚，会觉得生活无聊，没有意义，于是整天在肥皂剧里消磨时间，因为实在不知道要干什么。

心灵的荒芜可以让一个人的意志变得不堪一击，因为没有真正可以让心灵得到支撑的东西，比如爱，比如真理。人的心灵就如同一片荒地，只有种上了庄稼才会有丰硕的收获。修养好自己的心灵，时时给心灵的庭园浇水施肥，让你的人生在任何风暴挫折之下，都能展示美丽的图景。

当你为心灵播撒下了那些善良、智慧、爱的种子，这些种子在心里生根发芽，总有一天你也会收获同样的果实的，而将心灵荒芜，让杂草占据，最终将会荒废了光阴。

你爱慕虚荣的样子，真的不好看

每个人都有爱美之心和荣誉感，但这一旦超过了一定的度，就变成了虚荣心。女性同男性相比，内心更加感性些，更加看重表象化的东西，所以虚荣心几乎成了女性的"专利"，很多女性都有虚荣心，直接影响到了女性的生活幸福和工作成就。

虚荣心表现在行为上，主要是爱慕虚荣，盲目攀比，好大喜功，过分看重别人的评价，自我表现欲太强，有强烈的嫉妒心。有一些虚荣的女人为了得到金钱名利而出卖自己的人格尊严；为了得到美貌而不惜花重金，伤害自己的健康去整形美容。不管最终目的能否实现，虚荣的女人往往是悲哀的。

虚荣心强的女性，在追求事业的发展时，不是把精力放在刻苦学习、提高能力素质、踏踏实实干出成绩上，而是放在做表面文章、弄虚作假、哗众取宠以赢得领导的表扬上，结果事与愿违，坑了自己，害了事业。

虚荣心往往使女性失去清醒的头脑，迷失方向，在恋爱和选择配偶时，更加看重容貌、物质条件等外在因素，虽然风光一时，满足了自己的虚荣心，但由于对方的人品、修养、才华、脾气、性格等方面的欠缺，共同生活之后，才发现丈夫自私自利、缺乏责任心、修养较差、脾气暴躁等，如此一来，痛苦的只能是女人自己，只好叹息、后悔不已！

著名小说家莫泊桑在他的短篇名作《项链》中写了一个因为贪慕虚荣而招祸的典型。

漂亮迷人的女子玛蒂尔德由于出身低微而嫁给了一个小职员，十分难得的一个机会使她有幸参加了上流社会的一次舞会。为了展示自己的漂亮迷人，她借了女友的一串钻石项链，从而在舞会上获得了惊人的成功。她的漂亮迷人令舞会上所有的男子注目，并超过了所有在场的贵妇人。

但不幸的是她在回家途中丢失了那条项链，于是只好借债购买同样的项链赔偿女友。夫妻二人节衣缩食苦挣了十年才还清欠债。当她被生活的风霜剥蚀殆尽变得十分苍老时，碰到借给她项链的女友，人家依然那么年轻漂亮；在交谈中女友告诉她，借给她的钻石项链原本是一串赝品。

玛蒂尔德为了满足一时的虚荣借了别人的项链而弄丢了，为此她花十年把青春都提前消耗掉了。后来却过着一种可悲的生活，"她变成了贫穷家庭里的敢作敢当的妇人，又坚强，又粗暴。头发从来不梳，裙子歪系着，两手通红，高嗓门说话，大盆水洗地板"。虚荣让她付出了极大的代价。

现实生活中不乏虚荣心强的女性，她们看到别人买了新衣服，就盲目地"跟进"，不管自己需要不需要，适合不适合自己，都要急于买套新衣服，并且还要买比别人更贵的；看到别的女性去做美容，也不考虑自己的实际情况，就跟着去做美容；看到别人给孩子买了钢琴，也不管自家的孩子是否需要，就盲目地买来钢琴，哪怕是闲置不用，心理也就平衡了，等等。凡事都想与别的人争个"面子"的女人，结果不但"面子"争不回来，而且还浪费了大量钱财，影响了自己的生活。

　　女人生来喜欢美丽的东西，面对美丽的东西恋恋不舍。如果虚荣心超出了自己的经济范围那就会带来反作用，虚荣心过盛，危害着女人及其家庭。有的女性为了买件漂亮的裙子，为了脖子上能挂上闪亮亮的链子，甘愿空着肚子；为了拥有高档楼房，为了拥有时髦的小车，为了不让同学小看，把老公逼得腰都直不起来！

　　因此，现代女性要树立正确的人生观、价值观和荣辱观，淡泊名利，净化心志，保持平常心。通透的女人不是没有虚荣心，而是能在出现虚荣的心理时，提醒自己要加以克制，她们内心强大，经得住诱惑，洒脱淡然，不盲目攀比，不嫉妒别人，过自己的日子，享受自己的生活。

生活以苦痛我，我却报之以快乐

　　圆满的人生并不是一辈子没有吃过苦、没有失过恋，而是经历过、体验过、面对过那苦的滋味，超越那苦的感觉。

　　苦为乐、乐为苦，苦与乐的感受全在于一心。达摩面壁，凡人皆称其为苦修。有谁知道达摩祖师在静修中心归空灵、慧及宇宙，体肤之苦尽皆化为心灵的极乐，并无半点苦楚可言。

　　佛说：离苦得乐，苦与乐乃是生命的盛宴。佛还说：涅槃寂静。活在世间的众生，总是感慨苦多于乐，要离苦才能得乐。因此，佛学是离苦得乐的哲学。只有深刻体验苦，才能透彻体会乐！

　　有这样一个关于"苦"的古老的故事：

　　有一群弟子要出去朝圣。师父拿出一个苦瓜，对弟子们说："随身带着这个苦瓜，记得把它浸泡在每一条你们经过的圣河，并且把它带进你们所朝拜的圣殿，放在圣桌上供养并朝拜它。"

　　弟子们朝圣走过许多圣河圣殿，并依照师父的教诲去做。回来以后，他们把苦瓜交给师父，师父叫他们把苦瓜煮熟，当作晚餐。晚餐的时候，师父吃了一口，然后语重心长地说："奇怪呀！泡过这么多圣水，进过这么多圣殿，这苦瓜竟然没有变甜。"弟子听了，好几位立刻开悟了。

这真是一个动人的教化，苦瓜的本质是苦的，不会因圣水圣殿而改变；人生是苦的，修行是苦的，由情爱产生的生命本质也是苦的，这一点即使是圣人也不可能改变，何况是凡夫俗子！但是世间许多有非凡成就的人并不害怕困苦，他们往往以自己的智慧和心胸化苦为乐，让自己的人生变得更从容、更成功。世界文豪巴尔扎克就是一个善于以苦为乐的人。

巴尔扎克是法国现实主义作家的代表。巴尔扎克一生共完成了九十部长篇小说，平均每天工作十二小时以上。每天深夜十二点时，仆人就会叫醒他，他穿上白色修道服，立刻奋笔疾书。他一般会连续写五六个钟头，直到累到极点才会离桌休息。

巴尔扎克是举世公认的观察和剖析人性的高手，但在现实生活里，他却不太精明。在年轻时，他曾经商失败，欠下了六万法郎的债务。等他成名后，尽管收入不菲，但由于奢侈浪费，最后弄得入不敷出。在他入不敷出的日子里，还发生了一桩趣事。

有一天晚上巴尔扎克醒来，发觉有个小偷正在翻他的抽屉，他不禁哈哈大笑。

小偷问道："你笑什么？"

巴尔扎克说："真好笑，我在白天翻了好久，连一毛钱也找不到，你在黑夜里还能找到什么呢？"

　　小偷自讨没趣，转身就要走。巴尔扎克笑着说："请你顺手把门关好。"

　　小偷说："你家徒四壁，关门干什么啊？"

　　巴尔扎克幽默地说："它不是用来防盗，而是用来挡风的。"

　　巴尔扎克曾自诩要超过拿破仑，"他的剑做不到的，我的笔能完成"。他的确做到了，虽然他只活了五十岁，却留下许多伟大的作品，为全人类提供了巨大的精神财富。

　　在平常人的眼中，出家人的生活很清苦，但对于真正的出家人而言，他们并不会认为苦，而是把苦当成乐，并且从中获得真正的快乐。其实，获得快乐的真正的方法并不是去逃避痛苦，而是化苦为乐。

　　苦与乐并非是相互对立的，而是和谐统一的，相辅相成、相互转化的。正如哈密瓜比蜜还要甜，人们吃在嘴里乐在心上；而苦巴豆比难吃的中药还要苦。然而，种瓜的老人却告诉我们：哈密瓜在下秧前，先要在地底下埋上半两苦巴豆，瓜秧才能茁壮成长，结出蜜一样的果实来。

　　对于人生来说，悲苦从来都是无法逃避的。多苦少乐是人生的必然。因此，女人要懂得幽默的智慧，享受苦中作乐的那份智者的坦然，以及化苦为乐的那份佛家的超然。

　　当你活在当下，而没有过去拖在你后面，也没有未来拉着你往前时，你全部的能量都集中在这一时刻，生命因此具有一种强烈的张力。然而大多数的人都无法专注于"现在"，他们总是想着明天、明年，甚至下半辈子的事，时时刻刻都将力气耗费在未知的未来，却对眼前的一切视若无睹，便永远也不会得到快乐。当你存心去找快乐的时候，往往找不到，唯有让自己活在"现在"，全神贯注于周围的事物，快乐才会不请自来。

且行且珍惜

佛说，前世五百次的回眸才换来了今生的一次擦肩而过。看来再平常不过的相遇和周围的事物其实都是由于太多的因才结出了今天这难得的果。

"十年修得同船渡，百年修得共枕眠。"这唯美的文字告诉世人应该要懂得珍惜，不仅仅是珍惜自身，更要去珍惜他人，珍惜身边的每一件东西、每一件事物；即使它现今已变得残旧或者失去了价值，依然不要随便丢弃它，因为总有一天，它会被人利用。

一个人越是懂得去珍惜那些常人看来不值得珍惜的东西，越是能够珍惜自己、珍惜人生。只有真正懂得珍惜的人才会获得真正的幸福。

传说中有一个人，他生前善良且热心助人，所以死后升上天堂，做了天使。

他当了天使后，仍时常到凡间帮助人，希望感受到快乐的味道。

一天，天使遇见一个农夫，农夫非常烦恼，他向天使诉说："我家的水牛刚死了，没它帮忙犁田，我怎么下田干活呢？"于是天使赐他一头健壮的水牛，农夫很高兴，天使也在他身上感受到了快乐。

又过了一天，天使遇见一个男子，男子非常沮丧，他向天使诉说："我的钱被骗光了，没法回乡。"于是天使给他银两当路费，男子很高兴，天使同样在他身上感受到了快乐。

最后，天使遇见了一个诗人，诗人年轻、英俊、有才华且富有，妻子貌美而温柔，但他却过得不快乐。

天使问他："你不快乐吗？我能帮你吗？"

诗人对天使说："我什么都有，只欠一样东西，你能够给我吗？"

天使回答说："你要什么我都可以给你。"

诗人充满希望地望着天使："我要的是快乐。"

这下把天使难倒了，天使想了想，说："我明白了。"然后把诗人所拥有的都拿走了。天使拿走诗人的才华，毁去他的容貌，夺去他的财产和他妻子的性命。天使做完这些事后，便离去了。

一个月后，天使再回到诗人的身边，那时他已饿得半死，衣衫褴褛，躺在地上挣扎。于是，天使把他的一切又还给他，然后离去了。

半个月后，天使再去看诗人。这次，诗人搂着妻子，不停地向天使道谢，因为他得到快乐了。

在生活的某段时期，你的心也许会被各种各样的坏情绪包围：我们常常抱怨孩子们不听话，抱怨父母不理解，抱怨恋人不够体贴；领导埋怨下级工作不得力，下级埋怨上级太苛刻，不能发挥自己的才能。总之，周围的一切都让你觉得不堪忍受。这是因为此时你只是在意自己没有得到什么好处，却不曾想别人付出了多少。如果一个人无法经受世间的考验，感受这个世界的美好，心胸只容得下私利，那他就得不到幸福。

生活，要你学会感激，感激是一剂让你心情转好的良药。很多时候，它会带来一种良好的人生感觉，使我们感到愉悦和温暖。心存感激，生活中才会少些怨气和烦恼；心存感激，心灵才会获得宁静和安详。心存感激地生活，才会敬畏地球上所有的生命，珍爱大自然一切的惠赐；心存感激地生活，才会时时感受生活中的"拥有"，而不是"缺少"。

只有惜福，我们才能懂得尊重每一件事物，尊重每一朵花的恣意开放，尊重每一个生命的独立与自由。只有惜福，才能懂得人与物、人与人，都是在一个特定的时空里相遇，一切皆是缘，惜缘就是惜福。

人生欲壑难填，惜福让我们懂得勤俭节约，更加珍惜当下拥有的。少一些攀比，就不会放纵自己的欲望，学会知足常乐，让心灵保持一种从容而优裕的境界。用感恩的心去感受富足，包容一切，感激一切，所以幸福却不忘艰苦奋斗，勤俭节约。幸福来之不易，又可能十分短暂，明白这个道理，就会格外珍惜幸福。有福分固然重要，但不知爱惜，终是竹篮打水一场空。因此，要时时牢记惜福。

你要的是幸福，还是别人眼里的幸福

童话里的红舞鞋，漂亮、妖艳而充满诱惑，一旦穿上，便再也脱不下来。我们疯狂地转动舞步，一刻也停不下来，尽管内心充满疲惫和厌倦，脸上还得挂出幸福的微笑。当我们在众人的喝彩声中终于以一个优美的姿势为人生画上句号时，才发觉这一路的风光和掌声，带来的竟然只是说不出的空虚和疲惫。

人生来时双手空空，却要双拳紧握；而等到人死去时，却要双手摊开，无法带走财富和名声。明白了这个道理，人就会对许多东西看淡。幸福的生活完全取决于内心的简约，而不在于你拥有多少外在的财富。

18世纪，法国有个哲学家叫戴维斯。有一天，朋友送他一件质地精良、做工考究、图案高雅的酒红色睡袍，戴维斯非常喜欢。可他穿着华贵的睡袍在家里踱来踱去，越踱越觉得家具不是破旧不堪，就是风格不对，地毯的针脚也粗得吓人。慢慢地，旧物件挨个儿更新，书房终于跟上了睡袍的档次。戴维斯穿着睡袍坐在帝王气十足的书房里，可他却觉得很不舒服，因为他发现"自己居然被一件睡袍胁迫了"。

　　戴维斯被一件睡袍胁迫了，生活中的大多数人则是被过多的物质和外在的成功胁迫着。很多情况下，我们受内心深处支配欲和征服欲的驱使，自尊和虚荣不断膨胀，着了魔一般去同别人攀比，谁买了一双名牌皮鞋，谁添置了一套高档音响，谁交了一位漂亮女友，这些都会触动我们敏感的神经。一番折腾下来，尽管钱赚了不少，也终于博得"别人"羡慕的眼光，但除了在公众场合拥有一点点流光溢彩的光鲜和热闹以外，我们过得其实并没有别人想象得那么好。

　　男人爱车，女人爱别人说自己的好。女人们常常期盼自己能够过上那种光鲜亮丽的生活而以此让别人羡慕。一定意义上来说，人都是爱慕虚荣的，不管自己究竟幸福不幸福，常常为了让别人觉得自己很幸福而伪装。人往往忽视了自己内心真正想要的是什么，而被外在的事物所左右。你的生活实际上与他人无关，不论你幸福与否都与他人无关，而一旦你将自己的幸福建立在与别人比较的基础之上，或者建立在别人的眼光之中，那么你就很难感受到幸福。幸福不是别人说出来的，而是自己感受的，人活着不是为别人，更多的是为自己。

　　《左邻右舍》中提到这样一个故事：

　　男主人公的老婆看到邻居小马家卖了旧房子在闹市区买了新房，就眼红了，非要也在闹市区选房子，并且偏偏要和小马住同一栋楼，而且一定要选比小马家房子大的那套。当邻居问起的时候，她会很自豪地说："不大，一百多平方米，只比304室小马家大那么一点儿！"气得小马老婆脸色铁青。过了几天，小马的老婆开始逼小马和她一起减肥，说是减肥之后，他们家的房子实际面积一定不会比男主人公家的小。男主人公又开始担心自己的老婆知道后会不会也让他一起减肥了。

这个故事看起来虽然很好笑,但是却时常在我们的生活中发生。人将自己的生活沉浸在了一个不断与人比较的困境中,被生活之外的东西所左右,岂不是很可悲?

一个人活在别人的标准和眼光之中是一种痛苦,更是一种悲哀。人生本就短暂,真正属于自己的快乐更是不多,为什么不能为了自己而完完全全、真真实实地活一次?为什么不能让自己脱离总是建立在别人基础上的参照系?

当我们把追求外在的成功或者"过得比别人好"作为人生的终极目标的时候,就会陷入物质欲望为我们设下的圈套。我们在圈套中越陷越深,越活越累,最终竟丢失了快乐和自我,空留疲惫与遗憾。

第二章

我不惧怕成为
这样"强硬"的姑娘

扛住一切挫折，奔你的前程

　　人生之路，一帆风顺者少，曲折坎坷者多，成功是由无数次的挫折堆积而成的。但挫折和失败对人毕竟是一种"负性刺激"，总会使人不愉快、沮丧、自卑，因此，如何面对挫折、如何自我解脱就成为战胜脆弱、走向成功的关键。

　　正如罗曼·罗兰所说："痛苦是一把犁，它一面犁破了你的心，一面掘开了生命的新起源。"不知苦痛，怎能体会到快乐？痛苦就像一枚青青的橄榄，品尝后才知其甘甜，但品尝需要勇气。

　　一个屡屡失意的年轻人千里迢迢来到普济寺，慕名寻到老僧释圆，沮丧地对释圆说："像我这样屡屡失意的人，活着也是苟且，有什么用呢？"

　　释圆静静地听着年轻人叹息和絮叨，什么也不说，只是吩咐小和尚："施主远道而来，烧一壶温水送过来。"

　　少顷，小和尚送来一壶温水，释圆抓了一把茶叶放进杯子里，然后用温水沏了，放在年轻人面前的茶几上，微微一笑说："施主，请用茶！"

　　年轻人俯身看看杯子，只见杯子里微微地飘出几缕水汽，那些茶叶静静地浮着。年轻人不解地询问释圆："贵寺怎么用温水冲茶？"

释圆微笑不语，只是示意年轻人说："施主，请用茶吧。"年轻人只好端着杯子，轻轻呷了两口。

释圆说："请问施主，这茶可香？"

年轻人摇摇头说："这是什么茶？一点儿茶香也没有呀。"

释圆笑笑说："这是福建的名茶铁观音啊，怎么会没有茶香？"

年轻人听说是上乘的铁观音，又忙端起杯子呷两口，再细细品味，还是放下杯子说："真的没有一丝茶香。"

老僧释圆微微一笑，吩咐门外的小和尚："再烧一壶沸水送过来。"

少顷，小和尚便提来一壶吱吱吐着浓浓白气的沸水，释圆起身，又沏了一杯茶。年轻人俯身去看杯子里的茶，只见那些茶叶在杯子里上上下下地沉浮，随着茶叶的沉浮，一丝清香便从杯里袅袅地逸出来。

嗅着那清清的茶香，年轻人禁不住去端那杯子，释圆忙微微一笑说："施主稍候。"说着便提起水壶朝杯子里又注了一缕沸水。年轻人见那些茶叶上上下下、沉沉浮浮得更厉害了，同时，一缕更醇更醉人的茶香袅袅地升腾，在禅房里弥漫。

释圆如是注了五次水，杯子终于满了，那绿绿的一杯茶水，沁得满屋津津生香。释圆笑着问道："施主可知道同是铁观音，为什么茶味迥异吗？"

年轻人思忖了一下说："一杯用温水冲沏，一杯用沸水冲沏，用水不同吧。"

释圆笑笑说："用水不同，则茶叶的沉浮就不同。用温水沏的茶，茶叶就轻轻地浮在水之上，没有沉浮，茶叶怎么会散逸它的清香呢？而用沸水冲沏的茶，冲沏了一次又一次，浮了又沉，沉了又浮，沉沉浮浮，茶叶就释出了它春雨般的清幽，夏阳似的炽烈，秋风似的醇厚，冬霜似的清冽。世间芸芸众生，又何尝不是茶呢？那些不经风雨的人，平平静静地生活，就像温水沏的淡茶平静地悬浮着，弥漫不出其生命和智慧的清香。而那些栉风沐雨、饱经沧桑的人，坎坷和不幸一次又一次袭击他们；他们就像被沸水沏了一次又一次的茶，在风风雨雨的岁月中沉沉浮浮，溢出了他们生命的一缕缕清香。"

因此，我们应该具有迎接挫折的心理准备。世界充满了成功的机遇，也充满了失败的可能。所以要不断提高自我应付挫折与干扰的能力，调整自己，增强社会适应力，坚信失败乃成功之母。若每次失败之后都能有所"领悟"，把每一次失败当作成功的前奏，那么就能变消极为积极。

挣扎、挫折、磨炼，这些都是人成长必经的过程，欲速则不达。

人生必须背负重担一步一步慢慢地走，稳稳地走，这样总有一天，你会发现自己是那个走得最远的人。

在苦难中微笑

人们都希望自己的生活一帆风顺，但命运总是不经意间跟你开些玩笑，厄运也可能会不期而至。种种的意外，也许会给我们的人生造成巨大的伤痛。但无论你如何伤悲，事情既然无法逆转，与其在悲伤中沉沦，不如接受现实。当生活不允许你继续流泪时，你就要学会笑出声来。

在美国艾奥瓦州的一座山丘上，有一座不含任何合成材料、完全用自然物质搭建而成的房子。住在里面的人需要依靠人工灌注的氧气生存，并只能以传真的形式与外界联络。

这个房子的主人叫辛蒂。1985 年，辛蒂还在医科大学念书。有一次，她到山上散步，带回了一些蚜虫。回来后，她拿起杀虫剂灭蚜虫，就在这时，她突然感觉到一阵痉挛。她原以为那只是暂时性的症状，却没有料到自己的后半生从此变得悲惨至极。

原来，这种杀虫剂内所含的一种化学物质，使辛蒂的免疫系统遭到破坏，使她对香水、洗发水以及日常生活中可接触的所有化学物质一律过敏，甚至连空气也可能使她的支气管发炎。这种"多重化学物质过敏症"是一种奇怪的慢性病，到目前为止仍无药可医。

患病的前几年，辛蒂一直流口水，尿液变成绿色，有毒的汗水刺激背部形成一块块疤痕；她甚至不能睡在经过防火处理的床垫上，否则就会引发心悸和四肢抽搐——辛蒂所承受的痛苦是令人难以想象的。1989年，她的丈夫吉姆用钢和玻璃为她盖了一所无毒房间，一个足以逃避所有威胁的"世外桃源"。辛蒂所有吃的、喝的都得经过选择与处理，她平时只能喝蒸馏水，食物中不能含有任何化学成分。

多年来，辛蒂没有见过一棵花草，听不见一声悠扬的歌声，阳光、流水、清风等正常人毫不费力就可以拥有的生活的美好，她无法享有。她躲在没有任何饰物的小屋里，饱尝孤独之苦。更可悲的是，无论怎样难受，她都不能哭泣，因为她的眼泪跟汗液一样也是有毒的物质。

坚强的辛蒂并没有在痛苦中自暴自弃，她一直在为自己，同时更为所有化学污染物的牺牲者争取权益。辛蒂在生病后的第二年，就热情十足地创立了"环境接触研究网"，以便为那些致力于此类病症研究的人士提供一个窗口。1994年，辛蒂又与另一组织合作，创建了"化学物质伤害资讯网"，保证人们免受威胁。目前这一资讯网已有五千多名来自三十二个国家的会员，不仅发行了刊物，还得到美国上议院、欧盟及联合国的大力支持。

在最初的一段时间里，辛蒂每天都沉浸在痛苦之中，想哭却不能哭。随着时间的推移，她渐渐改变了生活的态度，她说："在这寂静的世界里，我感到很充实。因为我不能流泪，所以我选择了微笑。"正如马云所言："这世界上最有力量的武器是用微笑化解所有的问题，我永远面带笑容，尽管我内伤很重。"

　　当灾难来临，人可以努力回避；如果回避不了，可以抗争；如果抗争不了，就得承受；要是承受不了，就哭泣流泪；如果连流泪也不行，就只有一种选择——绝望和放弃。这是人们对待人生的一种普遍方式。而绝望和放弃，意味着对生命权利的舍弃。可辛蒂不同，当她无法流泪时，她选择了微笑。因为，她知道每一个生命都有自己的价值，因此在绝境中，她仍然能看到自己的价值所在。

　　当你陷于痛苦之中时，试着笑一下，至少能为生命减少一份沉重和悲壮，平添一份勇气和轻松。当你学会在苦难中微笑的时候，你已经不同凡响。

孤独一定会有，但请不要封闭自己

人生在世，都有不愿意被打扰的时候，但是这种不愿意被打扰的状态持续的时间过长，或者侵入到生活的各个方面，就会使自己身心俱疲，处在一个自我幻想的世界里。

有位孤独者神情萎靡地倚靠着一棵树晒太阳。一位智者从此经过，好奇地问道："年轻人，如此好的天气，你不去做你该做的事，岂不辜负了大好时光？"

"唉！"孤独者叹了一口气说，"在这个世界上，我一无所有。我又何必去费心费力地做什么事呢？"

"你没有家？"

"没有。与其承担家庭的负累，不如干脆没有。"

"你没有爱人？"

"没有。与其爱过之后便是恨，不如干脆不去爱。"

"没有朋友？"

"没有。与其得到还会失去，不如干脆没有朋友。"

"你不想去赚钱？"

"千金得来还复去，何必劳心费神动躯体？"

"噢！看来你需要这个。"智者说着拿出一根绳子。

"我要绳子干吗？"

"自缢啊！"

"自缢？你叫我死？"孤独者惊诧了。

"对。人有生就有死，与其生了还会死去，不如干脆就不出生。你的存在，本身就是多余的，自缢而死，不是正合你的逻辑吗？"

孤独者无言以对。

　　有时候人会像这位孤独者一样陷入自我的遐想之中，不愿意与外界交流，不愿意搭理别人，只是不断地进行自我的想象。

　　有人曾说："把自己封闭起来，风雨是躲过去了，但阳光也照射不进来。"自我封闭的人是把自己锁进了坟墓，而能成为掘墓人的，却只有自己。打开心灵，才能容纳大海，告别自闭，才能沐浴阳光。

　　面对着逐步发达的现代社会，生活也更加丰富多彩，人的孤独之感也与之成为正比。一位中学生说，即使是在拥挤的教室、热闹的街市和同学的生日聚会上，都能感受到难以排遣的孤独感。孤独是一种思想上、情感上无法沟通、无倚无傍、无人理解与认同的感觉。

　　生活中人们更多地注意别人的评价，甚至别人的目光，觉得生活如此之累，于是干脆拒绝与人来往，以此逃避现实。而很多时候，却发现自己更需要朋友。

　　一个富翁和一个书生打赌，让这位书生单独在一间小房子里读书，每天有人从高高的窗户往里面递一回饭。假如能坚持十年的话，这位富翁将满足书生所有的要求。

于是，这位书生开始了一个人在小房子里的读书生涯。他与世隔绝，终日只有伸伸懒腰，沉思默想一会儿。他听不到大自然的天籁之声，见不到朋友，也没有敌人，他的朋友和敌人就是他自己。

很快，这位书生就自动放弃了这一搏。因为书生在苦读和静思中终于大彻大悟：十年后，即便大富大贵又能怎样？

每个人活在世上都有追求，并且希望达到完善，这本是一种天性。但人性的历程始终是得失相随，难有十全十美的时候，我们每个人也应该有一定的心理承受能力。当遇到挫折或打击后，积极努力地将紧张或焦虑心态转移或发泄出来，防止其持续作用而损害健康。如果人们面对挫折和打击，将自己"封闭"起来，甚至消极悲观，独居一隅，这样发展下去，就会陷入"自闭"的心理状态不能自拔。

暂时的自闭孤独有时也是一种休息、放松及宣泄。但假若长时间陷入其中，必然会使心灵失衡，易走极端。长期的封闭会阻隔个人与社会的正常交往。处在封闭环境之中的人，导致精神的萎靡，思维的僵滞，它使人认知狭窄，情感淡漠，人格扭曲……

自闭是心灵的一剂毒药，是对自己融入群体的所有机会的封杀，自闭不仅毁掉自己的一生，也会让周围的朋友、亲人一起忧伤。当阳光照进来的时候，何不打开自闭的心灵，让它尽情地接受阳光的普照。

人生无常，无论你经受了什么，无论你遇到了什么，千万不要封闭自己，记得要打开窗，打开心扉，做一个心境敞亮、阳光乐观的人。如此，你就能看见世界的美丽，感受到生命的力量，也就懂得了"有阳光的心灵和生命才是最美的风景"。

把苦难当营养吸收，悟出奋斗的意义

在人生历程中，只有具备对风吹雨打的抵抗力，才能站稳脚跟。正如山崖上的松柏，经过无数暴风雪的洗礼，终于长成像铁一样坚固的树干。而在佛教看来，磨难是人走向佛境的必经之旅，只有能够经受磨难之人，才能成为"金刚不坏"之佛，也就是生活中的强者和成功者。一个人若不敢向命运挑战，不敢开创自己的蓝天，命运给予他的将仅仅是一个枯井般的地盘，举目所见将只是蛛网和尘埃，充耳所闻的也只是唧唧虫鸣，等待他的也只有绝望和失败。

鉴真大师剃度一年多以后，寺里的住持还是让他做行脚僧，每天风里来雨里去，辛辛苦苦地外出化缘。

有一天，已日上三竿，鉴真依旧大睡不起。住持很奇怪，推开鉴真的房门，只见床边堆了一大堆破破烂烂的鞋，就问他："你今天不外出化缘，堆这么一堆破鞋干什么？"

鉴真懒洋洋地说："别人一年连一双鞋都穿不坏，我刚剃度一年多，就穿烂了这么多双鞋。"

住持一听就明白了他的弦外之音，微微一笑说："昨天夜里下了一场透雨，你随我到寺前的路上看看吧。"

寺前是一块黄土地，由于刚下了一场雨，路面泥泞不堪。住持拍着鉴真的肩膀问："你是愿意做个天天撞钟的和尚，还是愿意做个能光大佛法的名僧？"

鉴真答道："我当然想做个名僧了。"

住持接着说："你昨天是否在这条路上走过？"

鉴真回答："当然。"

住持接着问："你能找到自己的脚印吗？"

鉴真十分不解地说："昨天这路上又干又硬，哪能找到自己的脚印？"

住持没有再说话，迈步走进了泥泞里。走了十几步后，住持停下脚步说："今天我在这路上走了一趟，能找到我的脚印吗？"

鉴真答道："那当然能了。"

住持听后拍拍鉴真的肩膀说："泥泞的路上才能留下脚印，世上芸芸众生莫不如此啊，那些一生不经历风风雨雨、碌碌无为的人，就像一双脚踩在又干又硬的路上，什么足迹也没留下。"

鉴真顿时恍然大悟：泥泞留痕。

苦难是炼狱，我们要勇敢地面对苦难，在苦难的磨砺中不断地成就自己，而不是将苦难看作人生不可逾越的鸿沟。为什么在各种灾难之中会有人奇迹般地活下来？不仅仅是因为他们比别人更幸运一些，更是因为他们有着别人没有的意志力，他们相信自己可以挺过去，于是咬紧牙，最终渡过了难关。

人的一生是一场旅行，沿途有无数的坎坷和泥泞，但也有看不完的春花秋月。如果我们的眼睛总是被灰色所蒙蔽，心灵总是被灰暗的风尘所覆盖，干涸了心泉、黯淡了目光、失去了生机、丧失了斗志，我们的人生轨迹怎能美好？世界的颜色由我们自己决定，智慧之人会擦亮自己的眼睛，当我们的心境修炼得像那位住持一样风雨无惊时，便能领略人生路上的亮丽风景。

你的坚持，终将美好

笑到最后才能笑得最好，但不少人却往往在半途中失去微笑。学业上，因为考研没有成功，全盘否定自己；工作上，在新鲜过后，每天面对严厉的老板和繁重的工作，渐渐失去对工作的热情；生活上，想要减肥，想要健美，却一次又一次借口拖延；感情上，热恋过后是无止境的琐碎争吵，维持一份爱情好难……

于是，不少人在最初的意气风发中，渐渐走向生活的围城，失去快乐的笑声。一些女性做事都是半途而废，总是不能坚持到最后。她们似乎有这样的通病，就是凭一时冲动想干什么，就急不可耐地立即去干，可还未持续多久，兴头过了，就说什么也不再干了。这是一个极其不好的毛病，它令人失去定性，凡事轻率鲁莽，最后只能导致疲惫与倦怠。往往只有坚持到最后的人才能获得胜利，所以做事切莫三分钟热度，而是需要持之以恒。因为胜利往往在那最黑暗的时刻降临，回报也恰恰容易在你已经快绝望时给予，彩虹总会在风雨之后出现。

丁玲说过："只要有一种信念，有所追求，就什么艰苦都能忍受，什么环境也都能适应。"如果世界上只有一种人可以获得成功，那一定是坚持到底，执着追求自己理想的人。

只有执着的人才能坚持追求自己的目标，才有一股势不可当的锐气，成功只会属于执着追求的人。东山再起的风云人物史玉柱说："一个人一生只能做一个行业，而且要做这个行业中自己最擅长的那个领域。"

成功的人往往是那些把自己退路断掉的人，他们别无选择，只有执着一心地往前走。而走向平庸的人则往往是因为无法在繁重和琐碎中继续坚持，以至于"蜻蜓点水"，凡事都流于肤浅。

苏格拉夫顿女士是美国著名的侦探小说作家，她讲述了自己的成名之路。

"如果二十五年前就有人告诉你，你将得到你想得到的一切，但是你必须等到二十五年后，你那时做何感想？而眼前的路你该如何走下去？"

她于1915年底带着成为一位名作家的梦想来到了纽约，但纽约给她的第一份"礼物"就是失败。她寄出去的文章都被退回。但她没有放弃，仍怀着梦想不停地写作，走遍了纽约的大街小巷，奔波于各个杂志社、出版社之间。当希望还很渺茫的时候，她没有说"我放弃，算你赢了"，而是说，"很好，纽约，你可能打倒不少人，但是，绝不会是我，我会逼你放弃"。

她没有像别人那样，碰到一次退稿就放弃了，因为她决心要赢。四年之后，她终于有一篇文章刊登在周六的晚报上，之前该报已经退了她三十六次稿。

随后，她得到的回报更是数不胜数，出版商开始络绎不绝地出入她的大门。再后来拍电影的人发现了她，她的小说在改编后被搬上了屏幕。

生活中总有许多不如意的事情。考研不成功，我们可以总结经验教训继续努力；工作不如意，那只是我们走向成功的必经之路，继续坚持，总会走出职场困境；想要美丽、想要气质，这个过程并不痛苦，只要怀着美好的想象，就会在过程中体会到快乐；感情上的冰河期，其实是因为我们对彼此都开始有了了解，并且把全部赤诚展现给对方的一种磨合，夫妻吵架从来都是床头吵床尾和，何况无伤大雅的小吵还是增进感情的良药……

不必为一些小问题而苦恼，坚持用微笑面对，一切问题都不再是问题，你也终能笑到最后。

过去的经历不是财富，对经历的反思才是

人生周而复始，日子一天天继续，但是许多事情却在不断地重复。学会了认识过去，才能预见未来，过去就是你的老师。人常言："前事不忘，后事之师。"前面的成功与失败，都能让我们有所借鉴。

每个人对待自己经历过的事情，不要轻易将其抛诸脑后，忘记过去意味着背叛，无视以前的经验教训，必将在人生的道路上大费周折。

相传，在一片深山密林中有一座"仙人居"位于山巅。一日，一位年轻人风尘仆仆，从很远的地方来求见"仙人居"的圣人，想拜他为师，修得正果。年轻人进了深山，走啊走，走了很久，犯难了，路的前方有三条岔路通向不同的地方，年轻人不知道哪一条路通向山顶。

忽然，年轻人看见路旁一个老和尚在小憩，于是走上前去，轻声唤醒老和尚，询问通向山顶的路。老和尚睡眼蒙眬地嘟哝了一句"左边"，便又睡过去了。年轻人便从左边那条小路往山顶走去。走了很久，路突然消失在一片树林中，年轻人只好原路返回。回到三岔路口，见老和尚还在睡觉，年轻人又上前问路，老和尚舒舒服服地伸了个懒

腰，说了一句"左边"，便又不理他了。年轻人正要分辩，转念一想，也许老和尚是从下山角度来讲的"左边"。于是，他又沿右边那条路往山上走去。走了很久，眼前的路又消失了，只剩一片树林，年轻人只好再次原路返回。

回到三岔路口，见老和尚又睡过去了，年轻人气不打一处来，于是上前推了推老和尚，把他叫醒，问道："你一大把年纪了，何苦来骗我，左边的路我走了，右边的路我也走了，都不能通向山顶，到底哪条路可以去山顶？"老和尚笑眯眯地回答："左边的路不通，右边的路不通，你说哪条路通呢？这么简单的问题还用问吗？"年轻人这才明白过来，应该走中间那条路。但他想不明白老和尚为什么总说"左边"。带着一肚子的疑惑，年轻人来到了"仙人居"。他虔诚地跪下磕头，圣人正笑眯眯地看着他，原来圣人就是三岔路口的那位老和尚。

这个故事简单却内涵丰富，让你获得财富的是你的反省能力，而不是经历本身。我们亦当以过去为镜子，照出成败得失，而后总结经验教训，避免在同一个地方栽跟头。一个总伤害你的人整天让你以泪洗面，你又何必和他继续在一起？如果执迷不悟，注定还是要受伤害。在失败之后总结教训，才能不犯同样的错误。

人生如大海，微风袭来，卷起层层波浪。每一层浪就是一层坎坷，历经层层的坎坷，人方能得到磨砺。在磨砺中当以旧事为镜，照出成败得失，才能越走越远。

杜牧的《阿房宫赋》中说"秦人不暇自哀，而后人哀之；后人哀之而不鉴之，亦使后人复哀后人也"，这一句便道出了"前事不忘，后事之师"的道理。古人云："以铜为鉴，可以正衣冠；以史为鉴，可以知兴替；以人为鉴，可以明得失。"以史为鉴，可以找到行事的准绳，看到过去的得失，规划未来的方向。

愿你承得下悲伤，也输得出力量

任何一种心态都是每个人对生活的不同看法。在现实生活中，每个女人都可能遭受这样或那样的打击和挫折：因为高考落榜而精神萎靡，因为失恋而忧伤，因为无法适应快节奏的工作而垂头丧气……这些心理多半是人们意志薄弱，心态不成熟的一种表现。而这些异常的、悲观的心理往往导致痛苦的人生，往往影响你对世界的正确看法。

悲观的女人实际上是以自己悲观消极的想法看待客观世界，在悲观者心中，现实是或多或少被丑化了的。有些女人对未来和生活，往往持有一种悲观的迷茫心理。对自己的过去，无论辉煌与否都一概加以否定，心里充满了自责与痛苦，口中有说不完的遗憾和悔恨。她们对未来缺乏信心，认为自己一无是处，什么事都干不好，认知上否定自己的优势与能力，无限放大自己的缺陷。她们经常失眠多梦，嗜睡懒动，或觉得自己比平时更敏感、更爱掉眼泪等，重者自我意志消沉，时常自怨自艾，或心境悲哀、待人冷漠。

放眼 20 世纪的女作家，张爱玲的一生完整地诠释了悲观给人带来的负面影响是多么巨大。

张爱玲一生聚集了一大堆矛盾，她是一个善于将艺术生活化、生活艺术化的享乐主义者，又是一个对生活充满悲剧感的人；她是名门之后，贵族小姐，却宣称自己是一个自食其力的小市民；她悲天悯人，时时洞见芸芸众生"可笑"背后的"可怜"，但在实际生活中却显得冷漠寡情；她通达人情世故，但她自己无论是待人还是穿衣均是我行我素，独标孤高。她在文章里同读者拉家常，但生活中却始终与他人保持着距离，不让外人窥测她的内心；她在 20 世纪 40 年代的上海大红大紫、一时无二，然而几十年后，她在美国又深居简出，过着与世隔绝的生活。所以有人说："只有张爱玲才可以同时承受灿烂夺目的喧闹与极度的孤寂。"这种生活态度的确不是普通人能够承受或者是理解的，但用现代心理学的眼光看，其实张爱玲的这种生活态度源于她始终抱着一种悲观的心态活在人间，这种悲观的心态让她无法真正深入生活，因此她总在两种生活状态里不停地左右徘徊。

张爱玲悲观苍凉的色调，深深地沉积在她的作品中，无处不在，产生了巨大而独特的艺术魅力。但无论作家用怎样流利俊俏的文字，写出怎样可笑或传奇的故事，终不免露出悲音。那种渗透着个人身世之感的悲剧意识，使她能与时代生活中的悲剧氛围相通，从而在更广阔的历史背景上臻于深广。

张爱玲所拥有的深刻的悲剧意识，并没有把她引向西方现代派文学那种对人生彻底绝望的境界。个人气质和文化底蕴最终决定了她只能回到传统文化的意境，且不免自伤自怜。因此在生活中，她时而沉浸在世俗的喧嚣中，时而又沉浸在极度的寂寞中，最后孤独终老。

张爱玲的悲剧人生让我们看到了悲观对一个人的残害是多么惨重，女人要追求幸福的生活，就要让自己的心灵从悲观的冰河里汹渡出来。

我们不难发现那些生长在废墟之下的植物，它们被压在沉重的石头砖瓦之下，一年又一年，几乎已经丧失了生存的机会。但一旦它们见到阳光，就立刻恢复了勃勃生机，而且会令人意外地绽开一朵朵美丽的鲜花。

其实，女人也是如此。一个女人，不管她经受了多少苦难，一旦信念的阳光照耀在她的身上，她便能获得至高无上的力量，这力量推动她去改变生活，拥抱幸福灿烂的人生。

打不破思维，凭什么过漂亮的生活

很多时候，我们只是在按照传统的模式生活、工作，我们会觉得苦闷，生活没有丝毫的乐趣，只是机械地重复，今天重复昨天，明天重复今天，在生活的河流中没有一点儿新鲜的颜色。我们惯于只走别人走过的路，却从不曾发现另一条路上的果实更多，更诱人。

在《庄子》中记载着这样一则故事：

惠子家里有一个大瓠瓜，他却因为它太大而发愁，因为他不知道拿它做什么用。庄子就批评惠子，把大瓠瓜晒干了挖空当作一条简易的船，可以方便出行，惠子竟然担心瓠瓜太大了没有用，真是"夫子犹有蓬之心也夫"！

庄子这一句话不仅骂了惠子，还骂了古今中外的很多人。一个人心中空空，不懂得从另外一个角度去考虑问题，不善于利用资源，缺乏创新，就是一个十足的大笨蛋。

有一位禅师写了两句话要弟子们参悟，这两句话是："绵绵阴雨二人行，怎奈天不淋一人。"

弟子们得到这个话题便议论了起来。

第一个说："两个人走在雨地里，有一个人却不淋雨，那是因为他穿了雨衣。"

第二个说："那是一个局部的阵雨，有时候连马背上都是一边淋雨，另一边是干的，两个人走在雨地里，有一个人不淋雨，却是干的，那有什么稀奇。"

第三个弟子得意地说："你们都说错了，明明是绵绵细雨嘛，怎可说是局部阵雨，一定是有一个人走在屋檐底下。"

这样，弟子们你一句我一句，说得好像都有理。

最后，禅师看时机已到，就为大家揭开谜底："你们都执着于'不淋一人'的话题，且执着得过分厉害，那当然要争论不休。由于争论，所以距离真理越来越远。其实啊，所谓'不淋一人'，不就是两人都在淋雨吗？"

很多时候，我们思考问题时，就如同这些弟子一样一味地只在表面上转来转去，死钻牛角尖，这样只会离问题的实质越来越远。要学会从多角度去思考问题，打破自己的思维定式，只有创新才会有突破。

科学家曾做过这样一个实验，把跳蚤放在桌子上，然后一拍桌子，跳蚤条件反射地跳起来，跳得很高。然后，在跳蚤的上方放一块玻璃罩，再拍桌子，跳蚤再跳就撞到了玻璃，跳蚤发现有障碍，就开始调整跳的高度。然后科学家再把玻璃罩往下压，然后再拍桌子。跳蚤再跳上去，再撞上去，再调整高度。就这样通过不断地调整玻璃罩的高度，跳蚤就不断地撞上去，不断地调整高度。直到玻璃罩与桌子高度几乎相平，这时，把玻璃罩拿开，再拍桌子，跳蚤已经不会跳了，变成了"爬蚤"。

跳蚤之所以变成"爬蚤"，并非它已丧失了跳跃能力，而是在一次次受挫后学乖了。它为自己设了一个限，认为自己永远也跳不出去。尽管后来玻璃罩已经不存在了，但玻璃罩已经"罩"在它的潜意识里，罩在它的心上，变得根深蒂固。行动的欲望和潜能被固定的心态扼杀了，它认为自己永远丧失了跳跃的可能。

我们很多时候就像这只跳蚤一样，一次次的受挫、碰壁后，奋发的热情、欲望就被压制、扼杀。你开始对失败惶恐不安，却又习以为常，丧失了信心和勇气，渐渐养成了懦弱、犹豫、害怕承担责任、不思进取、不敢拼搏的习惯。这样不知不觉就会被各种各样的锁链困住，所以，我们要悉心审视缠绕于身的锁链，让自己从中解放出来，去创造新的生活。

而我们常常又习惯于传统的思维方式，按照众人流行的惯性思维去思考，走着别人走过的路，干着别人干过的事，一切的一切都是别人的，所以我们无从突破。勇于走别人没有走过的路，才能采撷到丰硕的果实。

第三章

**不必将就和讨好，
做你自己就足够美好**

世上只有一个你，别为难自己

生活中难免会有缺陷和不如意的地方，面对一些自己无法左右的事情，不妨快乐接受，坦然面对，不要和自己过不去。这样，我们就能够驱散心头的忧虑，让快乐进驻。

一所大学的一个班级每天中午都要上演一个同学们喜闻乐见的节目，就是"才艺大观"。按规定，班内的每个人都要参与，而且是每天有一个人上台表演才艺，可以发表演讲，也可以说段子、讲笑话。只要能展示你自己，并且大家爱听爱看的，无论什么节目都可以。

有一天中午，轮到小齐上台表演，他是班内男生堆里最靠后的一个，无论是学习成绩还是外貌形象，倒数第一的准是他。只见他慢腾腾地走上讲台，摘下他那顶作为道具用的西部牛仔帽子，先向同学们深深地鞠了一躬，然后清清嗓子开始演讲：

"从身材上看，不用我说大家也可以看出，我属'三等残疾'之列。但大家知道吗，我比拿破仑还高出10厘米呢，他是1.5米，而我是1.6米；再有维克多·雨果，我们的个头都差不多。我承认我有些未老先衰的迹象，还没到20岁便开始谢顶，但这并不寒碜，因为有大名鼎鼎的莎士比亚与我为伴。我的前额不宽，天庭欠圆，可伟大的哲学家苏格拉底和斯宾诺莎也是如此；我的鼻子略显高耸了些，如同伏尔泰和乔治·华盛顿的一样；我的双眼凹陷，但圣徒保罗和哲人尼采亦是这般；我这肥厚的嘴唇足以同法国君主路易十四媲美，而我的粗胖的颈脖堪与汉尼拔和马克·安东尼齐肩。"

沉默了片刻，小齐继续说："也许你们会说我的耳朵大了些，可是听说耳大有福，而且塞万提斯的招风耳可是举世闻名的啊！我的颧骨隆耸，面颊凹陷，这多像美国南北战争的英雄林肯啊；我那后缩的下颌与威廉·皮特不分伯仲；我那一高一低的双肩，可以从甘必大那儿寻得渊源；我的手掌肥厚，手指粗短，大天文学家丁顿也是这样。不错，我的身体是有缺陷，但要注意，这是伟大的思想家们的共同特点……"

当小齐做完他的演讲走下讲台时，班级里爆发出久久不息的掌声。小齐的这次演讲，不仅在于他的风趣幽默与妙喻连连，更在于他教同学们学会了如何对待自己的缺点。

每个人都会有各种各样的缺点和不足，如果我们一味地沉浸在自己的缺点中无法自拔，那么生活还有什么意义呢？每一个人都是独一无二的，将自己的缺点放大而看不到自己的优点的人，一定是不会快乐的，而我们往往只注意到自身的缺点。当你觉得自己很"拿不出手"的时候，别人或许正在羡慕你的才能。

不是我们不够优秀，而是我们太难为自己，难为到我们自己也为之伤心、失落。一个人最闪光的时刻就是很自信的时候，想要自信就需要我们不断地寻找自身的优点，而不是一味地强调自己的缺点。一个外貌条件不出众的人可以比一个先天条件优越的人更有魅力，就是因为自信，相信自己可以，并且阳光、开朗。

我不是最优秀的，那又怎样

通透的女人能更好地品味人生，感受幸福，而每一个通透的女人，都有一个快乐秘诀，那就是接纳自己，为自己鼓掌。

人生舞台中，我们每个人都在饰演着不同的角色，不管是主角或是配角，是悲剧还是喜剧，每个人都在用炽热的心感受着生活中的点点滴滴。

每个人来世上一遭，都希望演绎出辉煌的成就和有个性的自我，希望自己的一颦一笑、风度学识或是动人歌喉、翩翩身影，能够得到别人的认可和掌声。但生活并不会让每个人都如愿以偿，并不是所有人都能神采飞扬地站在灯火闪烁的舞台黄金分割点上。作为一个平凡的个体，我们中的大多数人，也许只能在镁光灯的背后呢喃自己的独白，没有人会关注，没有人会在意，也没有人给予簇拥的鲜花和热烈的掌声。

面对此情此景，女人是否在嗟叹自己的渺小与庸常，感怀别人的优秀与成功呢？其实，又何必艳羡那些鲜花和掌声呢？即便你不是最优秀的，那又怎样？只要你真真实实地生活，活出一个真真正正的自我，即使所有人把目光投向别处，你还拥有一个最忠实的观众——你自己。

　　每一个角落都在等待阳光的照耀，每一个人都在等待美好时光的到来，每一颗心都在等待心灵的碰撞。为自己鼓掌喝彩，就是尊重自己的价值，让自己在无情的竞争中获得一份温情。也许你是一只煅烧失败、一经出世就遭冷落的瓷器，没有凝脂般的釉色，没有精致的花纹，无法被人藏于香阁。可当你摒弃了杂质，由一个泥坯变成一件瓷器的时候，你的生命就已经在烈火中变得灼人而又亮丽，你就应该为此而欣慰。

　　也许你是一块矗立山中、终日承受日晒雨淋的顽石，丑陋不堪而又平凡无奇，沧海桑田的变迁中，被人遗忘在那里，可你同样应为自己自豪，长久地屹立不倒，便是你永恒的骄傲。

　　也许你只是一朵残缺的花，只是一片熬过旱季的叶子，或是一张简单的纸，一块无奇的布，也许你只是时间长河中一个匆匆而逝的过客，不会吸引人们半点的目光和惊叹，但只要你拥有一双手，你就能为自己鼓掌。

　　女人为自己鼓掌，我们将勇往直前。人生的道路上到处充满荆棘，即使再平静的海面也会有波涛汹涌的一天。相信自己，用一颗勇敢的心去面对。一次失败并不代表最后的失败，谁笑到最后才笑得最灿烂。

　　胜利了，我们一笑而过；跌倒了，我们忍痛爬起，继续我们的人生之旅。或许胜利的旗帜就在前方向我们挥手，或许下一站就是成功，或许明天又是美好的一天。所以女人应该不怕困难，勇往直前去开拓通往未来的七彩之路。

为自己鼓掌，生活将多姿多彩。很多时候我们都是在为别人喝彩加油，但是当我们为自己喝彩时，我们会有不同的感受、不同的心情，就像窗外吹来的凉风夹着桂花带来的芳香给人清爽的感觉，动人心弦。失败让我们气馁，但如果你从此一蹶不振，那你就错了。失败乃成功之母，我们真心努力过，失去何尝不是一种得到？

真心感受生活的每一次感动，为自己的执着、真诚、善良、勤勉而鼓掌，就是我们对于生命最大的回馈、感恩和滋润。

不必讨好，做你自己就足够美好

"以铜为镜，可以正衣冠；以人为镜，可以明得失。"每个人都是一面镜子，我们可以从别人身上发现自己，认识自己。然而，如果一个人总是拿别人当镜子，那么那个真实的自我就会逐渐迷失，难以发现自己的独特之处。

有这样一则寓言：

有两只猫在屋顶上玩耍。一不小心，一只猫抱着另一只猫掉到了烟囱里。当两只猫同时从烟囱里爬出来的时候，一只猫的脸上沾满了黑烟，而另一只猫脸上却是干干净净。干净的猫看到满脸黑灰的猫，以为自己的脸也又脏又丑，便快步跑到河边，使劲地洗脸；而满脸黑灰的猫看见干净的猫，以为自己也是干干净净，就大摇大摆地走到街上，出尽洋相。

故事中的那两只猫实在可笑。它们都把对方的形象当成了自己的模样，其结果是无端的紧张和可笑的出丑。它们的可笑在于没有认真地观察自己是否被弄脏，而是急着看对方，把对方当成了自己的镜子。

同样道理，不论是自满的人还是自卑的人，他们的问题都在于没有了解自己，形成对自身清晰而准确的认识。

每个人都有自己的生活方式与态度，都有自己的评价标准，女人可以参照别人的方式、态度来确定自己采取的行动，但千万不能总拿别人当镜子。总拿别人做镜子，傻子会以为自己是天才，天才也许会把自己照成傻瓜。

胡皮·戈德堡生长于环境复杂的纽约市切尔西劳工区。当时正是"嬉皮士"时代，她经常模仿时尚人士，身穿大喇叭裤，梳着蓬蓬头，脸上涂满五颜六色的彩妆。为此，她常遭人们的批评和议论。

一天晚上，胡皮·戈德堡跟邻居友人约好一起去看电影。时间到了，她依然身穿扯烂的吊带裤，一件扎染衬衫，还有那一头蓬蓬头。当她出现在她朋友面前时，朋友看了她一眼，然后说："你应该换一套衣服。"

"为什么？"她很困惑。

"你扮成这个样子，我才不要跟你出门。"

她怔住了："要换你换。"

于是朋友转身就走了。

当她跟朋友说话时，她的母亲正好站在一旁。朋友走后，母亲对她说："你可以去换一套衣服，然后变得跟其他人一样。但你如果不想这么做，而且坚强到可以承受外界嘲笑，那就坚持你的想法。不过，你必须知道，你会因此引来批评，你的情况会很糟糕，因为与大众不同本来就不容易。"

胡皮·戈德堡受到极大震撼。她忽然明白，当自己探索一条可以说是"另类"的存在方式时，没有人会给予鼓励和支持，哪怕只是一种理解。当她的朋友说"你得去换一套衣服"时，她的确陷入两难抉择：倘若今天为了朋友换衣服，日后还得为多少人换多少次衣服？她明白母亲已经看出她的决心，看出了女儿在向这类强大的同化压力说"不"，看出了女儿不愿为别人改变自己。

人们总喜欢评判一个人的外形，却不重视其内在。要想成为一个独立的个体，就要坚强到能承受这些批评。胡皮·戈德堡的母亲的确是位伟大的母亲，她懂得告诉她的孩子一个处世的根本道理——拒绝改变并没有错，但是拒绝与大众一致也是一条漫长的路。

胡皮·戈德堡这一生始终都未摆脱"与众一致"的议题。她主演的《修女也疯狂》是一部经典影片，而其扮演的修女就是一个很另类的形象。当她成名后，也总听到人们说："她在这些场合为什么不穿高跟鞋，反而要穿红黄相间的快跑运动鞋？她为什么不穿洋装？她为什么跟我们不一样？"可是到头来，人们最终还是接受了她的影响，学着她的样子绑黑人细辫子头，因为她是那么与众不同，那么魅力四射。

倘若今天为某个人换衣服，日后还得为多少人换多少次衣服？换来换去，还有自己吗？做人亦如同穿衣，不能改来改去；否则，也就不会有自己了。

通透的女人，愿意做有个性的自己，不理会打量的目光和讥笑，也不害怕与人为敌，更不会在别人的话语里寻找肯定，不会在别人的眼睛里寻找自己的影子。专心做好自己，不要被外界所干扰，才能保住自己的本色而不会迷失自己。每个人都有自己的精彩，做自己、活自己，遵从自己内心的意愿，你就是最好的自己。让懂的人懂，让不懂的人不懂，不管岁月流年，不管流言蜚语。

如果你一味地遵循别人的价值观，想要取悦别人，最后你会发现"众口难调"，每个人的喜好都不一样，失去自我，便会是自己人生中痛苦的根源。其实，生活中原本就没有什么一成不变的条条框框，所谓通透，就是按自己喜欢的方式生活，不必取悦任何人，做你自己就足够好。

缘分尽了，分手便是成全

对于一个已经不爱你的人，坚持又有什么意义呢？"天涯何处无芳草，何必单恋一枝花"，曾经以为是天长地久，到头才发现只是萍水相逢。如果只是你生命中的过客，并非那个注定要为你驻留的人，又何必太在意他的离去呢？生命中总会有人与你擦肩而过，也总会有人为你停留，何必只为一朵花驻足呢？

爱情不是盛开在天堂里的花朵，在这个纷繁复杂的物质社会里，爱情也常常会受到各类"病毒"的侵袭，遭遇一些或大或小的冲突。当爱情的伊甸园危机四伏时，是坚守还是突围？突围后又是否能有个灿烂的未来？越来越多的人为此举棋不定，日夜嗟叹。

"爱到尽头，覆水难收"，勉强维持没有爱情的关系是没有意义的。有时候，放手也是一种明智。一个你不想失去的人，未必是能和你一直走到老的人。可是，正是因为人的占有欲太强，所以可能会做出各种不理智的事情。

其实，当爱情已经走到了"灰飞烟灭"的尽头，无论你如何费尽心力去维持它，都于事无补。爱是一种自然的感觉，爱散了、淡了、完了，就随它去吧，何必"死缠烂打""寻死觅活"呢？倒不如放手，给他也给自己一片广阔的蓝天，这样你才能过得更好。

芊芊曾经听妈妈讲过父母之间的爱情故事，很美、很浪漫。她为此感到骄傲：父母是因为爱而结婚的！甚至在一年之前，她仍然认为他们会一直相爱到白头。可理想和现实终究是有距离的。

那是一个飘雪的冬日。清晨，她被爸妈的争吵声惊醒，她走出房门，见爸爸正在穿大衣。

"这么早，你要去哪儿？"她想拦下爸爸。"这个家已经没有我的容身之地了！"爸爸大吼着冲了出去。

妈妈倒在沙发上，无声地哭泣着。自那以后，爸妈天天吵，时时吵，刻刻吵，她不得不充当"和事佬"的角色，不停地去平息他们的战火。如此持续了几个月，大家都已经筋疲力尽了。突然有一段日子，他们不再吵了，而是变得相敬如"冰"，谁都懒得多看对方一眼。爸爸日日晚归，有时整夜都不回家；妈妈还是原来的样子，照常做饭洗衣，只是郁郁寡欢，难得一笑。

一天，芊芊实在忍不住了，说道："你们离婚吧。你们早就想这样了不是吗？只不过碍于我而迟迟不肯下决心。实际上我没有你们想的那么脆弱。既然不再相爱，何苦硬是凑在一起？即使你们离婚，也仍是我的爸爸妈妈，我也仍然是你们的女儿。"

妈妈哭了，这芊芊早就料到了，但她不曾想到的是，爸爸竟然也流下了眼泪！

半个月之后，爸爸搬出了他们曾经共有的家。芊芊现在生活得很自在，她的爸爸妈妈也过得很快乐。

爱情没有尺度来衡量，婚姻没有标准来量化，如果爱就要学会宽容，学会等待。爱情就像做菜，适时地添加佐料才有美味。如果这份爱走到尽头，没有挽回的余地，那就放手吧。爱过知情重，如果实在难以割舍，那么告诉自己，放手也是因为太爱他。然后，将这份情深深地埋在心里，等待时间告诉你一切的结果——那就是，生活并不需要无谓的执着，没有什么不能被真正割舍。

他不要你，不是你不够好

　　爱情，就像两个人在拉皮筋，疼的永远是后撒手的那个……女人，当爱情已经变味，当你深爱的男人甘当爱情的叛徒，何必执着？风过了就过了，他走了就走了，一切已经无法回头，那又何必再想，何必苦苦哀求？更不要向他报复，要知道，你的幸福其实就是对他最大的报复。

　　爱情之所以是美丽的，正是因为它是自由选择的。他爱你的时候是真的爱你，他不爱你的时候也是真的不爱你。这是他的自由，这是他的选择。女人的人生，不必为他人的自由选择背负责任，你有你的自由，你有你的选择。当爱已远走，何必强留？

　　一个女人，静静地坐在化妆台前细致地描绘自己的妆容，一个朋友风风火火地推门进来，满脸掩饰不住的惊慌：你的丈夫和别的女人私奔了。她脸色白了，拿眉笔的手一抖，眉毛有点斜了。她对着朋友挤出了一个惨淡的微笑，接着画自己的眉毛。十几分钟后，她走上了舞台，精心装扮过的脸上带着一如既往的灿烂微笑。在舞台上，她和观众互动，说着轻松的笑话，她让观众十分开心。回到后台，她静静地卸下妆来，仍旧没有淌下一滴眼泪。这个女人，就是创立了羽西化妆品的靳羽西，婚变并没有击垮她的意志，反而激发了她的干劲，创造出无限精彩的人生。而无论她走到哪里，都是笑意盈盈。

爱情不是单行道，一个人的爱情不是爱情，爱情要在两个人的共同呵护下才能绽放出美丽的花朵。如果其中一人心生去意，就注定了这朵爱情之花的凋谢。女人，相较男人而言，更具有无私奉献的痴情精神，更脆弱，也更容易受伤害。但爱情这个东西，是无法解释的，也难以分辨对错。在爱情破产之后，女人再恒久地期盼和等待，只能换来更深的痛苦和寂寞。既然心已走远，弥补和挽留又有何用，还是将目光朝向未来吧，前面路上还会有鲜花和希望，多给自己一次机会，你会发现风景这边独好。

当他离去，你不必一边哭泣，一边埋怨自己"他不要我，只是我不够好"，这只是一句蠢话，并非事情的症结所在。或许正是你的好，让他备感压力，从而心生去意。他觉得与你在一起不能彰显他的强大，他感到了深深的疲惫，渴望挣脱你的阴影。

在古代，如果你没有卓文君的绝妙文笔，写不出"闻君有两意，故来相决绝"的诗句，去打动郎君的铁石心肠，就只能悲戚戚回娘家。在如今这个"她时代"，弃妇本身已没有那么严重的悲剧意义。做弃妇不可怕，可怕的是被抛弃后一蹶不振，终生潦倒。弃妇所要做的就是不动声色，继续生活。像王菲那样漫不经心地赚大钱，没了你，我亦能爱上别人；或像邵美琪那样，被你抛弃后，只字不谈，绝不将个人哀怨放到桌面上；即使向隅低泣，也不做祥林嫂。

在感情的世界里，全身而进，也要全身而退。当爱情来临，不要怀疑，全身心地投入幸福的甜蜜之中；当爱情之花凋零，亦要决绝抽身离去。别去恨他，因为恨也是一种变相的爱，证明你还留恋曾经的美好，证明你心中残存一丝纠结。恨也需要力气，对于一段无可挽回的往事，何必再耗费你的力气呢？不如潇洒地和过去挥一挥手，道一声别，留给对方一个昂然的背影。

你可以爱一个人到尘埃里，但没人爱尘埃里的你

　　19 世纪英国著名女作家夏洛蒂·勃朗特的代表作《简·爱》里面有一句经典台词："爱是一场博弈，必须保持永远与对方不分伯仲、势均力敌，才能长此以往地相依相息。因为过强的对手让人疲惫，太弱的对手令人厌倦。"所以，姑娘们，感情里最不能做的事情就是低到尘埃里，千万别过分看轻感情中的自己。

　　电视剧《好想好想谈恋爱》中讲到这样一段情节：

　　黎明朗为了讨自己男友的欢心，一向打扮职业的她每天换一个造型，穿上哈韩的衣服，脚上穿上轮滑鞋……这样的形象让每一个观众看到了都觉得很滑稽。虽然黎明朗一时赢得了男友的欢心，但是自己每天总会为明天该打扮成什么样而担心，这样的爱情注定会不欢而散，因为这样的人喜欢的不是你，而是你的打扮。就像这部电视剧中的陶春一样，她的男朋友喜欢瘦骨伶仃的她，她拼命地减肥，每天饿得发晕而不吃饭，她的体重受到男朋友严重的监视，多一斤都不行……这样的情形就像黎明朗说的那样，这个男人在陶春和瘦之间选择了瘦，他喜欢的不是陶春本身，而是她的瘦。

爱情是美好的，爱情是浪漫的，爱情中的女人是绽放的花朵，恋爱中的女人是最美的，爱情是神圣而不可亵渎的。女人渴望爱情，追逐着爱情，却最容易在爱情中迷失自己——爱得撕心裂肺，爱得死心塌地，时刻为对方着想，尽情地打扮着自己，留他喜欢的发型，做他喜欢吃的菜，按照他喜欢的样子打扮自己。

其实，女人太卑微，真的很累！为了爱，为了得到一份自己无法割舍的感情，低三下四地去做一些事情，努力对他好，努力去迎合他。问题是，爱一个人的时候可以低到尘埃里，但又有多少人会真正爱着尘埃里的你呢？对一个人无条件地关怀和应允，人家未必领情。毕竟，当已经低到尘埃里，也离尘埃不远了。

这样的事例虽然有些夸张，但也只是将现实生活的情节放大了。女人常常会和她们一样在恋爱中没有了自己，一切只是为了讨好他而为。真正的爱情不是建立在讨好的基础上，将自己的生活弄得"黑白颠倒"，而应是发自内心的喜欢，建立在彼此尊重、彼此平等基础之上。

相爱是应该互相迁就，互相体谅，但绝不是无条件地顺从。只要他提出的要求是不合理的，你就要学会拒绝。拒绝也要讲究策略，要适时适量，尤其是他的那些"习惯"已经根深蒂固，如果你一下子改变态度，他会接受不了，很容易怀疑你对他的感情发生了改变。因此，你应该由弱至强，让他的心里有个适应和缓冲的过渡期，逐步逐条地改掉他的那些坏"习惯"。

女人为爱而生，女人更为爱而活，当爱情来临时，女人恨不得向全世界宣布她的爱情。作家谢冰莹说："恋爱，在人生的旅途上，是不可避免的遭遇，她是一件和吃饭穿衣一样很平常的事情。然而在当事人看来，简直是世间最稀罕最神秘的一件事。他们可以为爱情自杀，或远走高飞，什么名誉、学问、事业，他们全不顾及，只觉得两人的爱是伟大的，神圣的，谁也没有权力来干涉，谁也没有力量来阻止。他们仿佛像一对疯子，什么人也不需要，哪怕世界上没有一个亲戚朋友同情他们，他们也觉得没有关系，甚至两人都穷得没有饭吃也不管，反正只要有'爱'便行。"

恋爱中的女人有时是盲目的，在她的眼睛上，蒙上了一层厚厚的爱情之网，让她失去了理智的判断，除了爱她什么也看不见，什么也不想。而实际上在爱人面前，你应该把你的思想、家庭状况以及你特殊的个性都告诉他，让他完全认识你、了解你，如果他是真的爱你，就一定爱你的坦白忠诚。否则，你把一切隐瞒起来，将来结婚之后，等到他发现你本来面目的时候，那将是你不幸婚姻生活的开始。

女人请记住，要谈一场公平的恋爱，和势均力敌的人结婚。在感情当中，不要表现得极端虚弱，懂得爱自己的女人才能真正赢得别人的爱。

人格独立、情感依赖的女人最可爱

在舒婷的《致橡树》里,诗人以橡树为对象表达了爱情的热烈、诚挚和坚贞,也传达出了诗人的爱情理想和信念:诗人不愿像趋炎附势的凌霄花一样要附庸的爱情,也不愿像为绿荫鸣唱的小鸟一样要奉献施舍的爱情,诗人想要的是以人格平等、个性独立、互相尊重倾慕、彼此情投意合为基础的平等的爱情。如站在橡树旁边的木棉,两棵树的根和叶紧紧相连,有风吹过,摆动一下枝叶,相互致意,便心意相通了。

爱情是伟大而平等的,不可过分依赖,否则只能导致病态。在爱情里还有一个著名的刺猬法则:相爱的两个人,有时候就像是冰天雪地里的两只刺猬,因为天气太冷,想靠近取暖,但一方的刺扎到另一方的身体时,大家都感到疼痛难耐。但是天气越来越冷,为了取暖,两只刺猬不止一次地尝试靠近又分开,如此反复多次,终于找出不会刺到对方,又能取暖的恰当距离。

这个法则告诉我们,两个相爱的人之间,只有保持适当的距离,才能使彼此不受伤害:过分依赖容易伤害对方,过分疏远又感受不到对方的关怀,最恰当的是有点距离又不太远。然而,现实中,这个距离并不是那么容易把握的，稍不留意就会有所偏差。很多人过分依赖另一半，结果导致爱情和婚姻的病态。

王静，相貌漂亮，性格温柔，是每个人眼中的贤妻良母。她的丈夫王博也堪称仪表堂堂，而且对王静也是一往情深。但不知从什么时候起，王静心里增添了一个奇怪的想法：为什么王博总是对自己这么好，是不是做了什么对不起自己的事情？于是，她便开始注意起来，不让王博离开她的控制范围。

王博是一家外资公司的业务人员，业务上的应酬比较多，王静开始怀疑起来，他真的会有那么多应酬吗？她便开始了"查岗"，跟踪过几次之后，看到王博与男男女女出入酒楼、保龄球馆、娱乐场所，便更加不放心。

于是，她想出了一个对策，每当王博说有应酬时，她都不动声色，但是只要王博出门以后，她便会打电话。今天是自己突然得了急病；明天是宝贝儿子放学没有回家，找遍了亲戚朋友和儿子的同学家也没有找到，儿子失踪了；后天又是自己的钥匙锁在家里，而自己只穿了一套睡衣站在楼梯间……更离奇的还有父母出了车祸、家里遭了窃贼、自己被几个男人非礼……

王博爱妻心切，每次都上当回家，每次都无奈地苦笑，再以后是发火、愤怒、大吵。可是，王静铁下心来，坚持自己的做法。王博屡次与客户失约，或半途退场，生意也丢了一单又一单，最终在又失去一笔大生意后，被老板炒了鱿鱼，无可奈何的王博最终选择了跳下高高的铁桥。

悲恸欲绝的王静怎么也想不到，这场悲剧的总导演就是自己，她想把丈夫完完全全地据为己有，却没有料到永远地失去了他。

王静的悲剧可能是个别的，但是，想控制自己的男人并将男人拴在腰带上的女人，也许从未想过，属于世界的男人变成了只属于一个女人的腰带时会变成什么，是挣脱腰带扬长而去，婚姻破裂，家庭解体，想把门关牢结果却连门都被踢得粉碎；是男人被制得服服帖帖，变成了石榴裙下的奴隶，被妻子随意地操纵着，变成了妻子意志的工具；抑或是理解，相互信任，给对方一个自由的空间……这些都值得思索。

周国平在《爱情的容量》一书中直陈了智慧女性应有的爱情观："由男人的眼光看，一个太依赖的女人是可怜的，一个太独立的女人是可怕的，和她们在一起生活都累。最好是既独立，又依赖，人格上独立，情感上依赖，这样的女人才是最可爱的，和她一起生活既轻松又富有情趣。"

"人格独立，情感依赖"，对现代人来说是一种理性的爱情观。希腊名言："感情必须温暖理智，但理智必须诱导爱情。"说的也是这个道理，当深陷情网的时候，恋爱中的人都往往有一种盲目献身的精神，他们会认为为爱人所做的一切都是理所当然的，结果盲目地投入，过分依赖，亲手毁灭了自己的爱情，所以我们应该学会用理智合理的态度对待自己的爱情。

单身再久，也不愿意将就

　　由于社会和个人的原因，"剩女"是越来越多了。而那些适龄的女人为了早早地把自己嫁出去，不断地周旋于亲人朋友给安排的相亲之中，如此一来，却迷失了自己，忘记了自己内心的最初坚持。于是，开始了一场可有可无的恋爱，不淡不咸地交往着。事实上，所谓的"鸡肋"享受不到甜蜜与快乐的滋味，还不如一个人精彩。

　　杨修曾说："鸡肋者，食之无肉，弃之有味！今进不能胜，退恐人笑……"鸡肋，纵使嚼之无味，至少在饥饿时可以果腹，所以弃之可惜。鸡肋一样的爱情，缺少爱情的激情与甜蜜，虽然心头仍存一丝不舍，但对于女人来说，最输不起的就是时间，怎能让这样的爱情填满了青春的保鲜期呢？所以，鸡肋爱情，女人当弃之不惜。

　　梅子和杨阳是最传统的相亲认识的，他们之间没有惊喜，没有波折，两个人顺理成章地相识相处了。每天像做功课一样到时间打个电话，发些信息，也会见面吃个饭，喝个茶。也许两个人可以一直这样下去，然后自然而然地像父母希望的那样，结婚生子，过日子。这样想来，也没什么不好，女人嘛，到最后也不就是找个好的归宿，相夫教子，或者支持丈夫的工作事业。

　　这样看似没有问题的恋爱，梅子却开始反思。这样的恋爱实在太平淡太无味，心里没有一丝波澜。这样的爱情，又有多少的意义，这样的结合，又有多少的价值。人生苦短，却不能忠于自己的心，年老色衰之时，只能去默默地遗憾流泪，却还没有感受到真正的爱情，为之疯狂的爱情。

　　经过反思，梅子放弃了这段感情，决定等待一份想要的爱情。于是，她又开始了一个人的生活。一个人的世界虽然没有爱情，但至少还有友情，闲暇的时候和闺蜜逛街买自己喜欢的衣服，把自己收拾得优雅得体。一个人的时候可以有音乐相伴，手捧一本书，在知识的海洋中畅游。一个人的时候可以去远方旅行，享受那种永远在路上的感觉。一个人的世界一样很精彩，当寂寞和孤独演化成一种嗜好，一个人的浪漫仍能营造。

　　爱情可以使人堕落，也可以使人升华，每个人当然都希望是后者那么完美。而这个完全在于我们自己的选择，不要屈就自己，更不要违背自己的心意，纵有千万的理由，也要选择一个彼此相爱的人。也许这样寻找等待的时间会很漫长，但我们要有耐心。而鸡肋爱情，让我们离它远点吧。

　　女人大多都是感性的，一旦爱上便会百分之百地投入，并且希望最终可以走入婚姻的殿堂。但如果婚姻不是以爱情为基础，只是为了表面上看似般配，那么这根鸡肋早晚都有被丢掉的一天。我们不能为了某个看似合适的人而凑合自己的一生。

　　毕竟，两个人，朝夕相处，是要一辈子的，那么将就干什么呢？否则这样的结合只能是一种悲哀，最后也只能是一场"悲剧"。如果你遇到了一个对爱情同样迷茫的男人，他没有能力或者是惧怕去承担一个女人的喜怒哀乐，还是选择一个人走吧。

　　当爱情变成鸡肋，当承诺变成枷锁，睿智的女人理应选择放弃。或许还会有眷恋，会有不舍，但青春易逝，守着这样的感情直至年华老去的那一天，真的不值。因此，与其品味一段无味的鸡肋爱情，不如回到一个人的世界，活出自己的精彩。

第四章

只想和你
好好过

如果爱，请深爱；若爱，请表白

很多时候，我们一直默默地喜欢一个人，为之高兴，为之暗自心伤，爱就像悄悄绽放的花朵一样很寂寞，却也很纯情。当有一天，看到他牵起了别人的手从你的身边走过并幸福地向你打招呼，顷刻间，你的心碎了……

电影《四月物语》讲述的是一个发生在17岁美丽少女榆野卯月身上的"爱的奇迹"。因为暗恋学长，成绩不佳的她努力考取了学长所在的武藏野大学。影片的开始便是女孩站在飘满樱花的东京街头，开始了她向往已久的大学生活，也开始了她对爱情的执着找寻。镜头一直以一个旁观者的身份注视着这个内心被爱的秘密填得满满的女孩的日常生活，从她搬入东京的新居，到她在新班级里做自我介绍，到她参加钓鱼社的活动，到她在电影院外被陌生男子尾随……直到她被在书店打工的学长认出后，她才终于有勇气伴着淋漓的雨声对学长说出"对我来说，你是很出名的"。在这一场大雨中，影片缓慢平淡的节奏突然因为女孩秘密的揭开而掀起了高潮，而电影也就此走向了尾声。故事很唯美，又很伤感。

　　爱，除了心灵的感应与感觉外，还应有行动的表白，不论是爱或者被爱，都是一件幸福的事。可幸福不是等来的，需要努力，需要创造。如果爱，就要敢于表白。表白对于一份爱情的开始十分重要。因为骄傲放不下面子，不肯先向对方示爱，这又何必呢？示爱并不是示弱，假如这段感情幸运地开始了，先示爱的一方也并不是低人一等，敢于表白的人才能掌握自己的情感轨迹，才能抓住自己的幸福！

　　当你遇到自己喜欢的人，在什么都没有开始时，如果以为"他不一定喜欢我"，那么你可能会真的失去对方，失去选择的机会。

　　不要害怕被拒绝，你需要做的是克服自卑不安的想法和自愧不如的心理。不要坐在电话机旁犹豫不决，事实上，只要你勇敢地拨一次电话，事情就会完全解决了，你也就将彻底摆脱忧心如焚的处境。即使遭到拒绝，也不是什么大不了的事情，你只要保持轻松的心情就能度过情绪不稳定的日子。如果你什么都不去做，只是终日停留在忐忑不安中，猜测对方的心意，又有什么意义呢？为什么不给自己一点儿主动权呢？

　　被拒绝并不代表你有什么过失，也许他的心已另有所属，而他恰恰是个忠诚的爱人；也许他目前为事业忙得焦头烂额，根本无暇分心经营爱情；也许他最近情绪不佳，偏偏你又撞在"枪口"上。所有这些都与你无关，不要因为被拒绝就觉得被判了死刑，失去了追求爱情和幸福生活的勇气。

　　爱一个人，是幸福的。如果能一辈子始终真诚、不变地爱，那确实是值得骄傲的荣耀与幸运。爱到最后，而不一定是赢在最后；而深爱，是无关输赢的，因为爱是一种可心的幸福。赢得心灵的幸福，才是真的赢。

哲学家金岳霖终生未娶。他一直恋着建筑学家、诗人林徽因。当时，林徽因和梁思成已经结婚，金岳霖自始至终都以最高的理智驾驭自己的感情，爱了林徽因一生。林梁夫妇家里几乎每周都有沙龙聚会，金岳霖始终是梁家沙龙座上常客。他们文化背景相同，志趣相投，交情也深，长期以来，他们三人的关系一直很好。

金岳霖对林徽因人品才华赞美至极，十分呵护；林徽因对他亦十分钦佩敬爱，他们之间的心灵沟通可谓非同一般。甚至梁思成林徽因吵架，也是找理性冷静的金岳霖仲裁。金岳霖用一生去赞赏崇拜爱戴林徽因的绝代风华，把心中的至情至爱珍藏一生。几乎一生与林徽因家相邻而居，而林徽因也一生照顾着金岳霖的起居生活。

林徽因1955年去世，时年51岁。林徽因去世几年后，梁思成另娶了他的学生林洙，有了新家。有一天金岳霖突然把老朋友都请到北京饭店，没说任何因由，让收到请柬的老朋友大惑不解。饭吃到一半时，金岳霖站起来说："今天是徽因的生日。"闻听此言，老朋友们望着这位终身不娶的大哲学家，无不感叹唏嘘。

金岳霖1984年逝世，享年89岁，葬于八宝山，与林徽因的墓仅一箭之遥，在那个世界里，他仍与他最心爱的林徽因毗邻而居。在离开这个世界的前夕，他对朋友说："我很幸运，可以爱一个人一辈子！"那个人，就是他心灵里的那轮月亮——林徽因！

茫茫人海，遇到喜欢且相爱的人不容易，所以，当你遇到那个相爱的人，请马上行动，请告诉他，并努力去爱，别给自己留下遗憾。不要在爱情的旋涡中迷茫！不要当爱人远离时，才后悔失去了一份爱的幸福！其实，幸福离你并不远，很多时候只是一个转身的距离，你抓住了就可能幸福一生，错过了就像流水一样一去不复返了。

只要务实的爱情

爱情只是生命绿树上斜伸出的一根枝条，它有理由成为生长得最茂盛、开放得最美好的一枝，但是，它并不是生命本身，为了爱情并不意味着你有理由放弃生命中其他的事情。

爱情是女人生命中永恒的主题，每个女人都渴望爱情，都希望沉醉在爱河中感受幸福之花。然而，你的爱情没有开在童话里，而是生长在现实的烟尘中，当爱情与面包难以两全时，该如何抉择呢？有这样一个故事：

爱情穿着圣洁的礼服在世间行走。有一日，它忽然遇见了陈列在橱窗里的白胖胖、傻乎乎的面包，心里有点不平衡："这个笨家伙有什么资格躺在这么华贵的橱窗里呢？真是太不公平了。"它凑上前去对白面包说："喂，傻瓜，谁让你躺在这里的？"

面包毫不生气，微笑着说："点心师傅因为人们的需要而创造了我，我能填饱人们的肚子，我不躺在这儿躺到哪里去呢？"爱情嗤之以鼻，当下决定和面包打个赌，让面包承认自己的微不足道，爱情才是至高无上的。

于是面包笑眯眯地离开了橱窗。爱情化身为美丽而特别的爱情小天使代替了面包，微笑着站在了橱窗里。

不久，橱窗前来了一个小男孩和一个小女孩，小女孩手里攥着钱把橱窗上下看了一遍说："哥，怎么不见面包了，这个是什么东西啊？"

"这是爱情。"小男孩看着旁边的招牌回答道。

"爱情是什么呢？它看起来好美，我们把它买回去吧。"小女孩很高兴。

"不行，不行。"小男孩慌张地摆手，"妈妈说是爱情抢走了爸爸，所以我们才没有了爸爸，如果我们敢把爱情带回去，妈妈一定很不开心的。"

小女孩似懂非懂地和小男孩走了。

爱情很不屑："小孩子懂什么爱情呢？"

一会儿，来了一对时髦的青年男女，他们立在橱窗前还不时相互亲吻对方的脸，看得出是一对沉浸于爱河的恋人。女人首先发现了爱情，她兴奋地说："亲爱的，这是爱情啊，我们把它买回去吧。"

"可是亲爱的，我们是来买面包的。"男人皱了一下眉头。

"噢。"女人有些失望，随即又心领神会地和男人一起走了。

爱情很失望，但又很快释然了："浮躁的青年人还是不懂得爱情的。"

中午来了一对中年夫妇，拎着大包小包的东西。"这是一对会过日子的夫妻。"爱情心想，"他们一定懂得什么叫爱情。"

女人的眼睛飞快地搜索了一遍橱窗，看到爱情，她的嘴角浮起了一丝微笑，爱情想她一定是想起了恋爱时的美好时光。爱情满以为她会买下自己，谁知女人摇摇头说："这里没有面包。"

"那我们再找另一间吧，孩子等着吃呢。"男人推着女人走了。

爱情气愤极了，马上又安慰自己："被生活琐事累着的人是不懂得享受爱情的。"

过了许久，来了一对老夫妇，老妇人高贵优雅，老先生也温文尔雅，爱情可以看得到他们之间的情意，心里高兴起来："只有老了的人才能真正了解爱情。"

老妇人看到了爱情，对老先生说："现在爱情到处乱摆，算什么爱情啊。"老先生笑道："还是面包实在。"他们转身走了。

爱情终于忍不住，放声大哭起来。它悲伤地哭道："这世间就容不下爱情了吗？"但是没人能回答它，这是为什么呢？

真正的生命，不仅仅是纯净与空灵、美丽与诱惑，还有欲望与挣扎，权衡与无奈，这才完整。面包和爱情并不是对立的矛盾体，仅仅是生活的两个侧面、两个层次。没有面包的爱情，是饥肠辘辘的浪漫。

爱情不是存活在真空里的东西，它实实在在，它需要有面包的支撑，营养充足才能走得长久。选择面包并不可耻，而是务实，这对女人来说是件好事。没有爱情的生命是荒凉的，没有面包的生命是死寂的，女人只有务实了，才会懂得怎样生活。

在你身边的，才是最好的

人要懂得珍惜当下的幸福，不要等到失去了才追悔莫及，也不要把所有的希望都放在未来，这样才能及时品味人生的乐趣。

从前，有一座圆音寺，每天都有许多人来这里上香拜佛，香火很旺。在圆音寺庙前的横梁上有个蜘蛛结了张网，由于每天都受到香火和虔诚祭拜的熏陶，蜘蛛便有了佛性。经过了一千多年的修炼，蜘蛛的佛性增加了不少。

有一天，佛祖光临了圆音寺，离开寺庙的时候不经意间看见了横梁上的蜘蛛。佛祖停下来，问这只蜘蛛："你我相见总算是有缘，看你修炼了这一千多年，有什么真知灼见？世间什么才是最珍贵的？"

蜘蛛想了想，回答道："世间最珍贵的是'得不到'。"

佛祖点了点头，离开了。

蜘蛛依旧在圆音寺的横梁上修炼。

有一天，刮起了大风，风将一滴甘露吹到了蜘蛛网上。蜘蛛望着甘露，见它晶莹透亮，很漂亮，顿生喜爱之意。突然，又刮起了一阵大风，将甘露吹走了，蜘蛛很难过。

这时佛祖又来了，问蜘蛛："蜘蛛，世间什么才是最珍贵的？"

蜘蛛想到了甘露，对佛祖说："世间最珍贵的是'已失去'。"

佛祖说："好，既然你有这样的认识，我让你到人间走一趟吧。"

蜘蛛投胎到了一个官宦家庭，成了一个富家小姐，父母为她取了个名字叫蛛儿。一晃，蛛儿到了十六岁，出落成一位楚楚动人的少女。

这一日，皇帝决定在后花园为新科状元郎甘鹿举行庆功宴席。宴席上来了许多妙龄少女，包括蛛儿，还有皇帝的小公主长风公主。状元郎在席间表演诗词歌赋，大献才艺，在场的少女无一不被他的才华所折服。蛛儿心想这定是佛祖赐予她的姻缘。

过了些日子，蛛儿陪同母亲上香拜佛的时候，正好遇着甘鹿。上完香拜过佛，蛛儿和甘鹿便来到走廊上聊天，蛛儿很开心，认为终于可以和喜欢的人在一起了，但是甘鹿并没有表现出对她的喜爱。蛛儿对甘鹿说："你难道不记得十六年前圆音寺蜘蛛网上的事情了吗？"甘鹿很诧异，说："蛛儿姑娘，你很漂亮，也很讨人喜欢，但你的想象力未免丰富了一点儿吧。"说罢离开了。

几天后，皇帝下诏，命新科状元甘鹿和长风公主完婚，蛛儿和太子芝草完婚。这一消息对蛛儿如同晴天霹雳，几日来，她不吃不喝，生命危在旦夕。太子芝草知道了，急忙赶来，扑倒在床边，对奄奄一息的蛛儿说道："那日，在后花园众姑娘中，我对你一见钟情，我苦求父皇，他才答应。如果你死了，那么我也不活了。"说着就拿起宝剑准备自刎。

这时，佛祖来了，他对快要出壳的蛛儿的灵魂说："蜘蛛，你可曾想过，甘露（甘鹿）是风（长风公主）带来的，最后也是风将它带走的。甘鹿是属于长风公主的,他对你不过是生命中的一段插曲。而太子芝草是当年圆音寺门前的一棵小草,他守护了你三千年,爱慕了你三千年,但你却从没有低下头看过它。蜘蛛,我再问你,世间什么才是最珍贵的?"

蛛儿一下子大彻大悟,她对佛祖说:"世间最珍贵的不是'得不到'和'已失去',而是能把握现在的幸福。"

刚说完,佛祖就离开了,蛛儿的灵魂也回位了。她睁开眼睛,看到正要自刎的太子芝草,马上打落宝剑,和太子深情地抱在一起……

世间最珍贵的不是"得不到"和"已失去"。当我们长久为那个根本得不到的人驻足,或者为那个已失去的人黯然心伤时,我们可能失去了最美好的感情,那就是眼前人。当那个"爱我的人"因失望而选择离开时,我们才蓦然惊醒:原来他(她)才是上天许给我的姻缘。缘分天注定,"得之我幸,不得我命"。

虽说爱情需要用心去等候和追求,然而生命也常常在这种固执的等待中悄然流逝了,我们却从未将心思放在如何去珍惜身边的和已经拥有的人。其实有时候苦苦追寻的幸福就在身边。

追求幸福的路，别走得太坎坷

俗话说得好，有意栽花花不开，无心插柳柳成荫。对幸福的追求也是这样，并不是想到就能得到的。

有一位高僧是一座大寺庙的住持，因年事已高，心中思考着找接班人。

一日，他将两个得意弟子叫到面前，这两个弟子一个叫慧明，一个叫尘元。高僧对他们说："你们俩谁能凭自己的力量，从寺院后面悬崖的下面攀爬上来，谁将是我的接班人。"

慧明和尘元一同来到悬崖下，那真是一面令人望而生畏的悬崖，崖壁极其险峻、陡峭。身体健壮的慧明信心百倍地开始攀爬，但是不一会儿，他就从上面滑了下来。慧明爬起来重新开始，尽管他这一次小心翼翼，但还是从悬崖上面滚落到原地。慧明稍事休息后又开始攀爬，尽管摔得鼻青脸肿，他也绝不放弃……

让人遗憾的是，慧明屡爬屡摔，最后一次他拼尽全身之力，爬到一半时，因气力已尽，又无处歇息，重重地摔到一块大石头上，当场昏了过去。高僧不得不让几个僧人用绳索将他救了回去。

接着轮到尘元了，他一开始也和慧明一样，竭尽全力向崖顶攀爬，结果也屡爬屡摔。尘元紧握绳索站在一块山石上面，他打算再试一次，但是当他不经意地向下看了一眼以后，突然放下了用来攀上崖顶的绳索，整了整衣衫，拍了拍身上的泥土，扭头向着山下走去。

旁观的众僧都十分不解，难道尘元就这么轻易地放弃了？大家对此议论纷纷，只有高僧默然无语地看着尘元的背影。

尘元到了山下，沿着一条小溪流顺水而上，穿过树林，越过山谷……最后没费什么力气就到达了崖顶。

当尘元重新站到高僧面前时，众人还以为高僧会痛骂他贪生怕死、胆小怯弱，甚至会将他逐出寺门，谁知高僧却微笑着宣布尘元为新一任住持。众僧皆面面相觑，不知所以。

尘元向其他人解释："寺后悬崖乃是人力不能攀登上去的，但是只要于山腰处低头看，便可见一条上山之路。师父经常对我们说'明者因境而变，智者随情而行'，就是教导我们要知伸缩退变啊！"

高僧满意地点了点头说："若为名利所诱，心中则只有面前的悬崖绝壁。天不设牢，而人自在心中建牢。在名利牢笼之内，徒劳苦争，轻者苦恼伤心，重者伤身损肢，极重者粉身碎骨。"

然后，高僧将衣钵锡杖传交给了尘元，并语重心长地对大家说："攀爬悬崖，意在勘验你们的心境，能不入名利牢笼，心中无碍，顺天而行者，便是我中意之人。"

生活中我们似乎都在不断地攀爬这块通往幸福之路的绝壁，碰得头破血流也要往上爬。实际上，有些绝壁根本就爬不上去，但是我们总以为自己只要坚持就可以。而如果我们能够像僧人尘元一样回头看一看，或许会发现另一条可以通往崖顶的路。

有时候我们追求幸福，却发现通往幸福的路异常艰难，甚至此路不通，但是我们却只顾着低头走路，而不回头看是否还有别的路可以走。一个人爱上一个不该爱的人，但总是执迷不悟，认为自己是对的，常常为此伤心泪流；一段没有结果的爱就如同攀爬这根本上不去的悬崖，没有结果，而且自己随时可能掉下来摔个粉碎。

有些人被金钱所惑，找伴侣一味地要找有钱人，一味地以此为标准，最终错过了不少更好的人，过了结婚的年龄，匆匆地结婚，婚姻也不是很幸福。而在开始的时候如果回头，看看这条路通不通，最终也不至于是这个结果。人有时候过于天真，认为自己都是对的，急功近利地追求幸福，却往往得不到幸福；而那些很泰然的，懂得变通的人往往会获得意想不到的幸福。

庄子在《逍遥游》中所写的"神人无己，圣人无功，至人无名"正是最好的总结。逍遥是一种最难得的人生状态，不穿越"财"的浮尘雾障，幸福永远是不可企及的。幸福就在远方等你，等你超越富贵的浮云，追求幸福本身时，你才可能获得它。

请一定温柔地对他

爱就如一棵常青树，千百年来让众多痴男怨女为之欣喜，为之憔悴。《牡丹亭》中杜丽娘为情痴，为情怨，因情逝，又因情复生。古之文人墨客、帝王将相也都难逃美人关，玄宗怀念杨贵妃之时，亦老泪纵横。

"爱着你像心跳难触摸，画着你画不出你的骨骼，记着你的脸色是我等你的执着，我的心只愿为你而割舍"，歌曲《画心》道出的也是一样的幽怨，一样的痴情万种。爱情究竟为何物，让千万人为之痴，为之狂，为之沉醉，为之迷离。

有人写了这样一首诗：

告诉我，爱情是什么？
是清泉，是小溪；
那儿有幸福的泪花，
也有悔恨的泪水。
是那悠悠的钟声；
有一天，它终会把你我

送上天堂，或送进地狱。

朋友，这——就是爱情

告诉我，爱情究竟是什么？

是阳光混杂着雨水，

是牙疼搅和着美味，

是游戏彼此胜负难分，

是少女外在的娇羞、内心的愿意。

朋友，这——就是爱情。

爱如空气，看不到形状却能感觉到它的气息，甜蜜有时，悲伤有时，寂寞也有时，抑或刻骨铭心，抑或昙花一现。有人说它是苦的，但即使再苦也有不少人甘愿尝试这杯苦水。在快乐中有伤痛，在苦痛中品尝幸福。幸运的爱情是最甜蜜的，不幸运的爱情就如蜜糖里的毒药，毒性最大。爱情产生后会让人变得爱笑，对着镜子傻笑，想着对方说的每一句话，每一个看你的眼神，痴痴地笑。

问世间情为何物？没人说得清，却都能感受得到。

一个男孩对一个女孩说："如果我只有一碗粥，我会把一半给我的母亲，另一半给你。"小女孩喜欢上了小男孩。那一年他12岁，她10岁。

他们的村子被洪水淹没了，他不停地救人，有老人，有孩子，有认识的，有不认识的，唯独没有去救她。当她被别人救出后，有人问他："你既然喜欢她，为什么不救她？"他轻轻地说："正是因为我爱她，我才先去救别人。她死了，我也不会独活。"于是他们在那一年结了婚。那一年他 22 岁，她 20 岁。

　　全国闹饥荒，他们同样穷得揭不开锅，最后只剩下一点点面了，做了一碗汤面。他舍不得吃，让她吃；她舍不得吃，让他吃！三天后，那碗汤面发霉了。当时，他 42 岁，她 40 岁。

　　因为祖父曾是地主，他受到了批斗。在那段岁月里，"组织上"让她"划清界限、分清是非"，她说："我不知道谁是人民内部的敌人，但是我知道，他是好人，他爱我，我也爱他，这就足够了！"于是，她陪着他挨批、挂牌游行，夫妻二人在苦难的岁月里接受了相同的命运！那一年，他 52 岁，她 50 岁。

　　许多年过去了，他和她为了锻炼身体一起学习气功。这时他们调到了城里，每天早上乘公共汽车去市中心的公园，当一个青年人给他们让座时，他们都不愿坐下而让对方站着。于是两人靠在一起抓着扶手，脸上都带着满足的微笑，车上的人竟不由自主地全都站了起来。那一年，他 72 岁，她 70 岁。

　　她说："十年后如果我们都死了，我一定变成他，他一定变成我，然后他再来喝我送他的半碗粥！"

　　真爱与"我爱你"无关，与金钱无关，与地位无关，与容貌无关……它仅存于一碗粥，一碗汤面，一个座位，一次相视而笑之间。在漫漫长夜中，只要有那个人相伴就足够了；在人生的各种沟沟坎坎中，只要有那个人相伴就可以了。真爱博大深邃，用生命的力量守候着你的爱人，十年、二十年……情不死，爱永存。

　　席慕蓉这样说："在年轻的时候，如果你爱上一个人，请你一定要温柔地对他。不管你们相爱的时间有多长或多短，若你们始终能够温柔地相待，那么，所有的时刻都将是一种无瑕的美丽。"

　　"问世间情为何物，直教人生死相许"，爱情的力量不断激发着两个生命的快乐，从相识到相恋再到最终相伴。人生若舟，常常漂泊不定；爱情如桨，推波助澜，在平淡的生活中荡起片片涟漪。真爱美好、宝贵，人们为爱沉醉，因爱幸福。

爱情与婚姻的温差

　　婚姻生活远比爱情来得更长久、更细致、更现实。婚姻能够彻底地改变一个女人，从外表到内心。爱情和婚姻的温度是不同的，爱情是滚烫的，而婚姻却是温暖的，许多人正是由于无法适应婚姻与爱情的温差，而让双方的感情越走越远。

　　一对曾经让人羡慕不已的恋人，在结婚一年后吵吵闹闹地走上了法庭，要求离婚。朋友、家人都十分惊讶，力图劝说他们："相恋五年，多少次花前月下，为什么反目成仇呢？"妻子委屈地说："他曾说爱我一辈子，可是现在他宁肯欣赏那些街上的漂亮女孩，回到家，也懒得看我一眼，还挑三拣四。"丈夫生气地说："你不也一样，在外面都能和颜悦色、温柔体贴地对待每个人，回到家里，总是板着脸，絮絮叨叨，总是强词夺理，越来越像个泼妇！"

　　朋友说："你们都希望对方永远爱自己，可是却经受不了生活中的平凡琐事，自己反省一下，是否是这样的情形？你们有很深的感情基础，生活应该多制造一些爱的氛围，平凡的生活也有其独特的魅力，试着去寻找吧！"

婚姻是由无数个琐碎的细节叠加而成的，所以说琐碎的生活成就了爱情的永远。在琐碎中，发现乐趣，在琐碎中互相谅解，这是拥有美满婚姻的宝典。

一位社会学博士生，在写毕业论文时糊涂了，因为他在归纳两份相同性质的材料时，发现结论相互矛盾。一份是杂志社提供的4800份调查表，问题是：什么在维持婚姻中起着决定作用，是爱情、孩子、性、收入，还是其他？90%的人答的是爱情。可是从法院民事庭提供的资料来看，根本不是那么回事，在4800例协议离婚案中，真正因感情彻底破裂而离婚的不到10%，他发现他们大多是因小事而分开的。看来真正维持婚姻的不是爱情。

例如0001号案例：这对离婚者是一对老人，男的是教师，女的是医生。他们离婚的原因是，男的嗜烟，女的不习惯。女的是素食主义者，男的受不了。

再比如0002号案例：这对离婚者大学时曾是同学，上学时有3年的恋爱历程，后来分在同一个城市，他们结婚5年后离异。原因是，男的老家是农村的，父母身体不好，姐妹又多，大事小事都要靠他，同学朋友都进入小康行列，他们一家还过着紧日子，女的心里不顺，经常吵架，结果就分手了。

再比如第4800号案例：这一对夫妇结婚才半年，男的是警察，睡觉时喜欢开窗，女的不喜欢。女的是护士，喜欢每天洗一次澡，男的做不到。两个人为此经常闹矛盾，结果协议离婚。

　　本来这位博士以为他选择了一个轻松的题目，拿到这些实实在在的资料后，他才发现《爱情与婚姻的辩证关系》是多么难做的一个课题。他去请教他的指导老师，指导老师说，这方面的问题最好去请教那些金婚老人，他们才是专家。于是，他走进大学附近的公园，去结识来此晨练的老人。可是他们的经验之谈令他非常失望，除了宽容、忍让、赏识之类的老调外，在他们身上他也没找出爱情与婚姻的辩证关系。

　　不过，在比较中他有一个小小的发现，那就是：有些人在婚姻上的失败，并不是找错了对象，而是从一开始就没弄明白，在选择爱情的同时，也就选择了一种生活方式。就是这种生活方式，决定着婚姻的和谐与否。有些人没有看到这一点，最后使本来还爱着的两个人走向了分手。走进婚姻，不意味着放弃爱情，虽然爱情是热烈的、滚烫的，婚姻是真实的、温暖的。其实，只要二者真正融合，你就会发现这才是人生最舒服的温度。

人生那么美好，何必争争吵吵

"爱出者爱返，福往者福来"，你送出一份爱，就会收获更多的温馨；尊敬别人，别人自然会尊重你。

"爱人者，人恒爱之；敬人者，人恒敬之。"孟子的这句话，意思是说爱人的人别人也会爱他，尊敬别人的人别人也总是尊敬他。你怎样对待别人，别人也往往会用同样的态度对待你。

以他人善待自己的方式对待他人，不仅禅宗、儒家、道家这样教导，西方的古代先贤也是这样忠告后人的。

的确，良言一句三冬暖，恶语伤人六月寒。

仙崖禅师外出弘法，路上，遇到一对夫妇吵架。

妻子："你算什么丈夫，一点儿都不像男人！"

丈夫："你骂，你若再骂，我就打你！"

妻子："我就骂你，你不像男人！"

这时，仙崖禅师听后就对过路行人大声叫道："你们来看啊，看斗牛，要买门票；看斗蟋蟀、斗鸡都要买门票；现在斗人，不要门票，你们来看啊！"

夫妻仍然继续吵架。

丈夫："你再说一句我不像男人，我就杀人！"

妻子："你杀！你杀！我就说你不像男人！"

仙崖："精彩极了，现在要杀人了，快来看啊！"

路人："和尚！乱叫什么？夫妻吵架，关你何事？"

仙崖："怎不关我事？你没听到他们要杀人吗？杀死人就要请和尚念经，念经时，我不就有红包拿了吗？"

路人："真是岂有此理，为了红包就希望杀死人！"

仙崖："希望不死也可以，那我就要说法了。"

这时，连吵架的夫妇都停止了吵架，双方不约而同地围上来听仙崖禅师和人争吵什么。

仙崖禅师对吵架的夫妇说教道："再厚的寒冰，太阳出来时都会融化；再冷的饭菜，柴火点燃时都会煮熟。夫妻，有缘生活在一起，要做太阳，照亮别人；做柴火，温暖别人。希望贤夫妇要互相敬爱！"

俗世中的人，往往执着于一时的对与错，而不能站在另一种人生高度来看待彼此之间的关系以及对与错的真正意义。一个人如果能清醒地认识自己和他人的关系，就一定能够善待他人，尤其是自己的亲人、爱人。但事实往往恰恰相反，在遇到挫折或者内心烦乱的时候，人最不能放过的正是自己的亲人。于是，生活中有了喋喋不休的埋怨、争吵，有了伤心、烦乱。然而，等到冷静下来才发现，吵得热烈的早已不是最初的那件烦心的事了。绕了一个圈子，也没有找回想要的那份认可、那份同情、那份价值。

烦躁的现代人更需要宁静的高山流水，而人们却在争吵中度过了一天又一天，得不偿失。吵架，让人的智商严重降低，也损毁了平日的形象，发泄后是更大的失落。

所以，女人不要再吵架，安静下来，让头脑放松，让怒火平息，一切终将归于平淡……像一位名人所说的那样，"忘记自己"。问问自己，目前的烦恼能左右你前面的路甚至一生吗？除了这些烦心的事，还有别的事情需要你去完成吗？然后，听听树上鸟儿的欢鸣，嗅嗅院子里的花香，会发现：原来，一切都还是那样富有生机，心里有太阳，阳光就一直都在。

第五章

生活让你低头，
是为了给你戴上王冠

以清净心看世界，以欢喜心过生活

女人，这个富有诗意而又温柔的名字，总是能让人联想到婀娜多姿、千娇百媚、姹紫嫣红、温婉贤淑……但最具有迷人韵味的是这样的女人：她清新、淡然，她有气质、有内涵，她有一种超脱世俗的通透智慧，不会泯然众人却又不遗世独立。

"通透是一种表面以外的东西，是气定神闲的雅致，是云淡风轻的飘逸，是耐人寻味的质朴，是远离喧嚣的纯净。"通透的女人，自带一种端庄的气质、深厚的内涵、良好的修养，悠远从容，温和静好。

"以清净心看世界，以欢喜心过生活，以平常心生情味，以柔软心除挂碍。"著名作家林清玄的这句名言告诉我们，人生的事，不必事事在意，时时忧心。以一颗平常心对待，就是最通透的处世态度。

有两个不如意的年轻人，一起去拜望一位禅师："师父，我们在办公室总被欺负，太痛苦了，求您开示，我们是不是该辞掉工作？"两个人一起问。

禅师闭着眼睛，隔半天，吐出五个字："不过一碗饭。"就挥挥手，示意两个年轻人退下。

回到公司，其中一个人递上辞呈，回家种田，另一个却没动。

日子真快，转眼十年过去。回家种田的，以现代方法经营，加上品种改良，居然成了农业专家。另一个留在公司里的，也不差，他忍着气、努力学，渐渐受到器重，从普通员工晋升为部门经理。

有一天，两个人相遇了。"奇怪！师父给我们同样'不过一碗饭'这五个字，我一听就懂了，不过一碗饭嘛！日子有什么难过？何必硬赖在公司？所以辞职。"农业专家接着问另一个人，"你当时为什么没听师父的话呢？"

"我听了啊！"那位部门经理笑道，"师父说'不过一碗饭'，多受气、多受累，我只要想'不过为了混碗饭吃'，老板说什么是什么，少赌气、少计较，就成了！师父不是这个意思吗？"

两个人又去拜望禅师，禅师已经很老了，仍然闭着眼睛，隔半天，答了五个字："不过一念间。"然后，挥挥手……

没有一样东西是可以完完全全、真真正正抓住的，无论是物还是人。因此不必斤斤计较，刻意追逐，默默地为工作、学习、生活努力，兢兢业业，足以维持体面。人生需要执着，但更重要的还是随缘。我们只要放下过高的期望和过多的执念，顺其自然地享受生命过程中的一切，谢绝繁华，回归简朴，平平实实地处世，就能达到"人淡如菊，心淡如水"的境界。

在烦乱的世界里，做一个通透的女子，只闻花香，不谈悲喜，喝茶读书，不争朝夕。不浮不躁，不矫不作，执一颗恬淡的心，与世界温暖相拥！

通透的女子自尊、自爱、自强，她们有自己的喜好，有自己的原则，有自己的信仰，不急功近利，不浮夸轻薄，宠辱不惊，心静如水。她们有自己的一套待人接物的方法，不会为了别人而刻意改变自己，坦坦荡荡，清清爽爽。

通透的女子不强求荣华富贵，不攀比名车豪宅，知足于清淡的日子。不是不追求，只是不去强求，从容地享受着内心的宁静。她们总是有条不紊、尽心尽力地做着自己喜欢的事情。她们简简单单地活着，凡事顺其自然，遇事处之泰然，不会太过兴奋而忘乎所以，也不会太过悲伤而痛不欲生。

通透的女子总是微笑着面对一切困难。她们不为日常琐事而忧心，不为生活的压力而焦虑，不为一时的荣辱得失而坐立不安。得意时，她们告诉自己胜不骄，继续走好未来的路；失意时，她们暗暗鼓励自己，不要太在意过去，一直向前看；挫折在前，她们告诫自己重新振作，适应新的变化。她们努力让自己温暖、坚强、静默、快乐地活着……

通透的女子会用闲暇时光去丰富自己的内心，她们乐于学习，喜欢读书，骨子里充满了一股淡淡的墨香。或许她们还会练瑜伽、学摄影、学插花，只要是关于美的东西，她们都会不懈地追求。不一定琴棋书画样样精通，只是要让自己多经历一些事，多明白一些道理。

通透的女子坚信爱情是一件宁缺毋滥的事，有或没有都坦荡，期待两个人，不怕一个人。她们对待爱情的态度是：不攀附、不将就。有爱情，便全心对待；没有爱情，也一个人惬意。有爱无爱，都安然对待。她们的一切，都刚刚好。

通透的女子如秋叶般静美，像丁香般淡雅，有水的柔情，有云的飘逸，携一份淡然于心，洒脱地行走在尘世间，不要轰轰烈烈，只求安安心心。她们活得简单而有滋味、真实而又美好。她们不招摇，不放纵，用一颗云水禅心，浅浅而行。

一个通透的女子，是一本让人爱不释手的书。愿凡世间的每一个女子都能以一种通透的智慧面对尘世，洗去铅华，沉淀浮躁，成为一个优雅的女人，一个有韵味的女人，一个从内心深处能带给别人淡雅幽香的女人。

不平静，不快乐

女人，平心静气的时候最美。平和的心态带来高雅的气质，生气只会破坏女人的形象，与其声嘶力竭，不如莞尔一笑，明天还未到来，急什么。人生得意淡然，失意也淡然。

通透的女人，体现在心态淡定，她们会时时倾听自己的内心，诚实地面对自己真实的感受和欲念，明确地知道自己想要的，不曲意承欢，不委曲求全。她们知道只有这样爱自己，才能体会到爱的真实意义，才有能力去爱别人。

生命给了你什么磨难，也必然会回馈你什么，不要着急，在等待的过程中学会爱自己。当女人开始爱自己，就开始体会到生命的真谛了，这时的女人便不再苛求，更不轻易妥协。告诉自己：自信些，勇敢些，让思想和血液流动得更快一些。有计划、有步骤地去做自己，活出自己的本色，做个淡定、勇敢的女人。淡定、勇敢的女人是美丽的，如空谷幽兰，暗香浮动。

女人要学会爱自己，只有一直妥善地保护自己内心的纯净，才能抵抗过多的诱惑和堕落。这样女人才能做到将真诚、纯洁、干净的爱赠予自己所爱的人，同时也能保证自己的家庭和事业都向着好的方向发展，这才是真正的幸福。女人用三分之一的心思去爱一个男人，用另外三分之一的心思去爱世界和生活本身，再用那剩下的三分之一心思来爱自己。只有这样做的女人，才不会辜负自己的一生，才能用平静淡定的心情去享受生活。

平和的女人，要求的不是那么多，不会动辄嫉妒别人的富贵和幸运，不会因为追求物质就给自己不断施压。虽然同样感慨社会多变、人生无常，平和的女人却懂得守住内心的一点儿淡泊。林语堂先生说："人生譬如一出滑稽剧。有时还是做一个旁观者，静观而微笑，胜如自身参与一分子。"这种平和淡然的心态值得女人去学习。平和静远，书就人生淡雅；尘世闲情，总寄花开云动。

人生的乐园里有的不应是金钱、权力、身份、地位，而应是自由、欢愉、悠然和乐观。最美的人生应有最美的思想，最美的思想里有一种就叫闲适与豁然。平静、淡定、不骄不躁、不争不抢，安安静静地享受生命。当我们学会宽容、隐忍、不争，内心自然平静祥和。没有纷争的内心才是最强大的内心，蕴含淡定、低调的生活才是最真实的生活。得意不忘形，失意仍淡然，天下大智莫若不争，放淡悲苦从容应对，静心体味生之芳华。

三毛说人生如茶，第一道苦似生命，第二道甜如爱情，第三道淡如清风。一杯清茶，三昧一生，人生犹如茶一样，或浓烈或清淡，都要去细细地品味。人生在世，成败得失，高低荣辱，都是人生的滋味。

女人如品味过这诸般滋味，即能体会人生乐趣，然后心态沉稳了，淡定了，明白了云水随缘且自在。女人容易对爱情深陷其中，来来往往，浮浮沉沉，失了淡定平和的心。殊不知爱可以不纠结，执子之手，在平淡的流年里守候幸福，一份淡泊，一份宁静，深入细致地品味漫漫人生，从容生活，享受那平淡朴实的幸福，让灵魂在大地上诗意地栖居，浮生若茶香，繁华落尽也笑对。

坏情绪只会拉低你的生活层次

　　一个周末的傍晚，凯勒在阳台上整理白天拿出来晾晒的旧书，正巧看见与她家相隔一条防火巷的邻居在阳台上洗碗。

　　邻居动作十分利落，水声与碗盘声铿锵作响，像是在发泄她内心深处的不平与埋怨。

　　这时候，她丈夫从客厅端来一杯热茶，双手捧到她面前。

　　如此感人的画面，差点让凯勒落泪。

　　为了不惊扰他们，凯勒轻手轻脚地收起书本往屋里走。正要转身时，听到女人说："别在这里假好心了！"

　　丈夫低着头又把那杯茶端回了屋里。

　　凯勒想，那杯热茶一定在瞬间冷却了，像他的心。

　　继续洗碗的邻居还是边洗边抱怨："端茶来给我喝？少惹我生气就行了。我真是苦命，早知道结婚要这么做牛做马，不如出家算了。"

　　也许她需要的不是丈夫端来一杯热茶，而是来分担她的家务。但是，在丈夫对她献殷勤的时候，实在没有必要把情绪发泄到对方身上。

　　一时的情绪化，常常是你自身幸福的杀手。

有的人只要情绪一来，就什么都不顾，什么难听的话都敢说，什么伤人的话都敢骂，甚至不计后果，酿出大错来。这就是人的情绪化。

情绪如同一枚炸药，随时可能将你炸得粉身碎骨。遇到喜事喜极而泣，遇到悲伤的事情一蹶不振。人世间的悲欢离合都被人的心绪所左右。

爱、性、希望、信心、同情、乐观、忠诚、快乐、愤怒、恐惧、悲哀、疼痛、厌恶、仇恨、贪婪、嫉妒、报复、迷信都是人的情绪。情绪可能带来伟大的成就，也可能带来惨痛的失败，人必须了解、控制自己的情绪，勿让情绪左右了自己。

西方有句谚语："你不能平息海浪，但可以学着乘浪而行。"情绪来临，与其远离，不如更往里去，与情绪共舞。

很好地控制自己的情绪，取决于一个人的气度、涵养、胸怀、毅力。气度恢宏、心胸博大的人都能做到不以物喜，不以己悲。

激怒时要疏导、平静；过喜时要收敛、抑制；忧愁时宜释放、自解；思虑时应分散、消遣；悲伤时要转移、娱乐；恐惧时寻支持、帮助；惊慌时要镇定、沉着……情绪修炼好，心理才健康，身体才健康。

"空嫂"吴尔愉是个控制情绪的高手。她的优雅美丽来自一份健康的心态。她认为，遇到心里不畅快，一定要与人沟通、释放不快。如果一个人习惯用自己的优点和别人的缺点比，对什么都不满意，却对谁都不说，日积月累，不但她的心情很糟糕，就是她的皮肤也会粗糙，美貌当然会减半。所以，有不开心、不顺心的，她一定会找一个倾诉的伙伴。不但自己能一吐为快，朋友也能从旁观者的角度给她建议，让她豁然开朗。在工作中，她更善于控制情绪，让工作成为好心情的一部分。飞机上常常遇见习钻、挑剔的客人。吴尔愉总是能够让他们满意而归。她的秘诀就是自己要控制好情绪，不要被急躁、忧愁、紧张等消极情绪所左右，换位思考，乐于沟通。

有一位患皮肤病的客人在飞机上十分暴躁，一些空姐都被他惹得生起气来。此时吴尔愉却亲切地为他服务，并且让空姐们想想如果自己也得了皮肤病，是否会比他还暴躁。在她的劝导下，大家都细心照顾起这位乘客。

做自己情绪的主人，是吴尔愉生活的准则，也是她事业成功的秘诀。以她名字命名的"吴尔愉服务法"已成为中国民航首部人性化空中服务规范。

很多时候，学识、财富并不能带来生活层次的提高，能适度地表达和控制自己的情绪，就像吴尔愉一样，才是一个人最大的福气。人有喜怒哀乐不同的情绪体验，不愉快的情绪必须释放，以求得心理上的平衡。但不能过分发泄，否则，既影响自己的生活，又加剧了人际矛盾，于身心健康无益。

当女人遇到意外的沟通情境时，就要学会运用理智和自制，控制自己的情绪，这才是一个通透的女人会做的事，而轻易发怒只会造成负面效果。

焦虑的时候，理智地分析原因，冷静地恢复自信心，使自己振作，摆脱主观臆断。抑郁的时候，郊游、运动、与人交谈、读书写字、听音乐、赏画等能够转移"视线"，健康有益的活动，往往对人产生良性刺激，使你得以解脱。愤懑的时候，增强对自我价值的认识，不妨暂且松懈乃至放弃一下竞争的积极性，让自己得到"缓冲"，减轻一下环境的刺激。嫉妒的时候，让自己拥有一颗宽容的心，试着去欣赏别人的成功与优秀，勿把时间、生命、精力浪费在议论别人身上。

面临困境，不要让消极情绪占据你的头脑。保持乐观，将挫折视为鞭策前进的动力，遇事多往好处想，多聆听自己的心声，给自己留一点儿时间，平心静气地想一想，努力在消极情绪中加入一些积极的思考。

累了，去散一会儿步。到野外郊游，到深山大川走走，散散心，极目绿野，回归自然，荡涤一下胸中的烦恼，清理一下浑浊的思绪，净化一下心灵尘埃，唤回失去的理智和信心。

唱一首歌。一首优美动听的抒情歌，一曲欢快轻松的舞曲或许会唤起你对美好过去的回忆，引发你对灿烂未来的憧憬。

读一本书。在书的世界邀游，将忧愁悲伤统统抛诸脑后，让你的心胸更开阔，气量更豁达。

看一部精彩的电影，穿一件漂亮的新衣，吃一点儿最爱的零食……不知不觉间，你的心不再是情绪的垃圾场，你会发现，没有什么比被情绪左右更愚蠢的事了。

最近很流行的佛系青年，他们对待什么事物都是"都行、可以、没关系"，有人觉得这是"丧"的表现，但我却认为这是一种从容、一种通透、一种豁达。通透的女人也具备这种"丧"的睿智，处世淡然，什么都行，什么都接受得了，从来不会被情绪拉低自己的生活层次。

想开，看淡，重新开始

有个书生和未婚妻约好在某年某月某日结婚，但到了那一天，未婚妻却嫁给了别人。书生为此备受打击，一病不起。

一位过路的僧人得知这个情况后，便决定点化一下他。僧人来到他的床前，从怀中摸出一面镜子让书生看。

书生看到茫茫大海边，一个遇害的女子一丝不挂地躺在海滩上。

路过一人，看了一眼，摇摇头走了。

又路过一人，将衣服脱下，给女尸盖上，走了。

再路过一人，过去，挖个坑，小心翼翼地把尸体埋了。

书生正疑惑间，画面切换。书生看到自己的未婚妻，洞房花烛，被她的丈夫掀起了盖头。书生不明就里，就问僧人为何给他看如此景象。

僧人解释说："那具海滩上的女尸就是你未婚妻的前世。你是第二个路过的人，曾给过她一件衣服，她今生和你相恋，只为还你一个情。但她最终要报答一生一世的人，是最后那个把她安葬的人，那个人就是她现在的丈夫。"

书生听后豁然开朗，病也渐渐地好了。

书生为什么会病倒？就因为他太在乎、太执着，对未婚妻始终放不下。当僧人向他解释了未婚妻的情况后，他就能从心底将这件事放下，病自然也就好了。

鲁迅先生曾写过一篇文章《无常》，无常就是没有定数，是佛禅对这个变动不居的世界的经典概括。释迦牟尼佛告诫世人，一个人要学习超然物外，不要执着于万事万物，因为尘世间万事万物均是无常。

禅宗祖师说过一句话："如虫御木，偶尔成文。"意思是说，有一只蛀虫咬树的皮，人们忽然发现蛀虫咬的形状构成了花纹，看上去好像是鬼神在这棵树上画了一个符咒。其实，那都是偶然，偶尔成文似锦云。这就说明一切圣贤的说法以及佛的说法都是对机说法，都是偶尔成文，过后一切不留。既然世间的一切都是偶尔成文的，还有什么好执着的呢？

人们常常会因为亲人的离去、失去一段恋情等而伤心不已，以至于很长时间都不能从这样的悲伤中走出来，无限制地放大了自己的情绪，不仅让自己难受，也让别人难受。而生活总是在正常和无常中度过的，生老病死是很正常的事情，失去恋情是无常中的正常。人与人之间的缘分就如同书生与他未婚妻之间的缘分一样，有离开的，肯定也会有为你驻足的。所以，你完全不必沉溺于自己设置的伤感氛围中，一切的伤感、不平都是因为过于执着。看淡了，心灵才能释然，心情才会好；想开了，精神才能超然，日子才快乐。

生活中注定有悲伤与快乐，人如果总盯着不快乐的事情，那么幸福和开心只会躲着你走，你体验到的也只有悲伤。忘记悲伤，重新开始才是正确的选择。

人生本无常，又何必太执着？生命中有太多的偶然，茫茫宇宙有太多的不确定。我们像鱼儿一样生活在尘网中，越挣扎越紧。回头想一想，我们要做的不是如何冲破这网罗，而是应该学习怎样超脱尘网，不被它罩住。

守一颗恬然淡定的心

人的一生，得意与失意相生相随、相辅相成，没有得意就没有失意，没有失意何来得意？淡定的女人不在意得失，无论是高潮还是低谷，总能有条不紊地生活，兢兢业业地工作。身为一个现代女性，更要以"成之欣然、失之淡然"的心态面对人生，从而在生活中怡情养性，在工作中从容恬雅。

人的一生不可能平坦如意，成之欣然、失之淡然的女人，不管遇到什么困难、挫折、意外，从不悲观，从不灰心，从不失志，总是坦坦然然、快快乐乐地历经人生的里程。这样的女人反而更能在逆境中顽强地迈进。

人生的境遇并没有绝对的好坏之别，而常人眼里之所以有顺逆、褒贬等种种色彩，是缘于内心的主观感受。境由心生，一切唯心造。我们应当不逃避，不强求，任由世事变迁，宠辱皆不惊，以一颗恬然、淡定的心，泰然处之。

很久以前，在一座古老的山上有一座破旧的庙，庙里面住着师徒四人。三个弟子跟着师父修行。这天，师父为考验弟子们的修行功夫，对三个弟子说："你们都随我来。"三个弟子相继随师父来到庙门口，并按师父的要求依次站在两棵树前。

这是两棵不知道长了多少年的老树了，其中一棵还不到秋天枝干就枯瘪了，叶子也凋零得所剩无几，似乎快要死了。另一棵则郁郁葱葱，深绿的叶子像涂了层蜡似的，在阳光下泛着耀眼的光泽，一副欣欣向荣的样子。

接着，师父提出问题："你们三个都发表一下自己的看法，在这两棵树之中是枯的好，还是荣的好？"

大弟子抢先回答："荣的好，因为它有着旺盛的生命力！"

师父听完没有说话。

二弟子接着说："枯的好，因为它的身体可以用来制作各种家具！"

师父摇了摇头。

谁知最小的弟子沉思片刻，却不急不缓地说："枯也随它，荣也随它……"

师父这才露出了赞许的一笑。

树是这样，人生也是如此。得意时，女人需要提醒自己，不忘形，宜淡然，不得志骄横，失意时，不变形，宜泰然，不悲观失望。得意和自负时，需要的是淡然，给自己留一条退路；失意和没落时，需要的是泰然，给自己觅一条出路。

曾子说："知止而后有定，定而后能静，静而后能安，安而后能虑，虑而后能得。"其实，淡然放下是积极向上的人生态度，是人生更高的境界。

一个圆环身上丢失了一个零件，因为缺少这个零件，它的滚动非常缓慢。为了能够像以前一样快速地旋转，它决定去寻找这个部件。在寻找的途中，由于它行走得非常缓慢，一路上它才有机会欣赏沿途的鲜花，它不仅与阳光对话，和蝴蝶伴唱，还与一起行走在地上的小虫聊天……

而这一切是它在完整无缺、快速滚动时无法注意、没能享受到的。但当它找到那个部件后，因为滚得太快，它失去了所有的朋友，不能从容欣赏花，也没有机会聊天，一切都变得稍纵即逝。圆环这才明白，得到这个部件后虽然旋转的速度加快，但再没了失去这个部件时的乐趣。

"花开花落总有时"，尘世间的一切都有它的所得和所失。要做一个"成则淡然，失则泰然"的女人，就必须做到在成功时不狂妄浮躁，绝望时不失魂落魄，不意气用事。只有用平常心淡然处世，方能举重若轻，这才是通透的真谛。

生活对人是平等的，在你得到快乐的同时，痛苦也许正在虎视眈眈。淡然处世，是对人生的宽容。绚烂至极归于平淡，不是平庸之平，而是素净质朴、宁静深沉，是深邃的执着，是内心的祥和，是深入的淡定，是人生境界的极致。

"智者乐水水无涯，仁者乐山山如画。"从容、淡定的女人可以把自己的生活安排得如此诗意：在细雨朦胧中漫步在小石桥上；在春风荡漾中划动小竹筏；她们不为俗世所诱惑，而独守着明月翩翩起舞。这才是真正的历练，一种经过生活漂染、岁月过滤后的释然而洒脱的生活态度。

　　试看忙忙碌碌的人们，当他们把名、利、禄、情视为人生的最高追求时，却不知人生的最大的幸福在于内心的淡然和放下，在于退，在于舍。得之淡然，失之坦然，成不傲然，败不茫然，一切顺其自然。人生就是一个潮起潮落的过程，淡然的女人不会患得患失，她们能真正体会快乐人生的真谛！

　　心若淡然如水，人生便如行云流水。现实中过于执着、忙碌的女人，不妨在心里留一个自我调整的空间，从而在顺境时能淡然，在逆境时能坦然，使人生的步履迈得更从容，迈得更稳健。

顺其自然，人舒坦，心舒坦

三伏天，禅院的草地枯黄了一大片。"快撒点草种子吧，好难看啊！"小和尚说。

"等天凉了。"师父挥挥手，"随时。"

中秋，师父买了一包草籽，叫小和尚去播种。秋风起，草籽边撒边飘。

"不好了，好多种子被风吹飞了。"小和尚喊。

"没关系，吹走的多半是空的，撒下去也发不了芽。"师父说，"随性。"

撒完种子，有几只小鸟来啄食。

"要命了！种子都被鸟吃了。"小和尚急得跳脚。

"没关系，种子多，吃不完。"师父说，"随遇。"

半夜一阵骤雨，小和尚一大早冲进禅房："师父！这下真完了。好多草籽被雨冲走了。"

"冲到哪儿，就在哪儿发芽。"师父说，"随缘。"

一个星期过去后，原本光秃的地面，居然长出许多青翠的草苗，一些原来没播种的角落也泛出了绿意。

小和尚高兴得直拍手。师父点头："随喜。"

老和尚有着小和尚没有的"不以物喜，不以己悲"的心境，他有一颗自由飘逸的心，什么时候都悠闲自在，任它云卷云舒，随时随地，随遇而安。正如寒山诗偈中"不系舟"的意境，与老庄顺水推舟的自然安适遥相呼应。登上这叶不系舟，就能让生命体验随遇而安的大自在，超越繁杂的尘俗缠绕，获得生命的大飞扬。

生命当如不系舟。在吵吵闹闹的都市中，我们也渴望内心的那份安宁，渴望那些翠绿的生命的颜色，惬意地呼吸着大自然的空气，聆听着大自然的各种声响，鸟鸣、草木生长的声音，以及那些淅淅沥沥的小雨洒在竹林上的声音……而我们没有这样的心情去欣赏这些。不是不愿意，而是没时间，因为我们总是被很多的事情所牵绊，这些事情总是让我们寸步难行。

有一首老歌叫《我想去桂林》，其中有句歌词，很是让人觉得无奈，却又很真实："我想去桂林呀我想去桂林，可是有时间的时候我却没有钱。我想去桂林呀我想去桂林，可是有了钱的时候我却没时间。"人总是来去不能自由，心境不能自由，心中充满太多的期待，很期望付出就有回报，甚至坚信付出就有回报，不断地梦想着成功与胜利，不断奔走辛劳只为成功，所以生活变得繁复不堪。太多的期待，让我们疲惫不堪，假若我们看待自己的命运像小和尚的师父对待草籽一样，任它自由生长，我们的生命就会轻松随性，收获的就会是意想不到的充实。

而我们的生命常常不是随性而行，过于敏感的神经，让自己在做许多事情的时候，总会想到很多的困难，或者遇到事情的时候，总会想"怎么会是这样"。一些人的神经常常会被一些小事牵绊，容易为一件事情的好坏而高兴或伤感。如果真的不太在意这些事情，随性而走，就会如同老和尚一样在得失之间做到泰然自若，那么也就没有这么多的烦恼了。

生活中有许多东西是可遇而不可求的，有时能有某种体验就足够了。不完美的才是真实的，正如徐志摩所说："得之我幸，不得我命，如此而已。"这就是我们应该追求的生活态度——顺其自然，不属于你的，大概永远也不会属于你，譬如天上的月亮。你想真正得到你所珍惜的东西最好顺其自然。如果它微笑着翩然而至，它将永远属于你；如果它无意降临，你又何必像放风筝似的，死死拽住它不放？

不妨让很多事情都顺其自然，这样你会发现你的内心渐渐清朗，而思想的负担也会随之减轻许多。顺其自然可以说是经历了万千风雨之后的大彻大悟，是领略了人生的峰回路转之后的空灵，也是一种幽幽暗暗、反反复复追问之后的无奈。

我们无须妄念纷纷、困惑百出，只要胸襟光明宽阔，坦坦荡荡，随缘任运，与天地精神独往来，做一名俯仰无愧的行游者，生死也可随它去。

随，不是跟随，是顺其自然。不怨怼，不躁进，不过度，不强求。

随，不是随便，是把握机缘。不悲观，不刻板，不慌乱，不忘形。

不辩也是大胸襟

在现实生活中，口舌之交是人际沟通中最重要的一种方式。在这个沟通过程中，言来言去，难免有失真之语。诽谤就是失真言语中的一种具有攻击性的恶意伤害行为。俗语云：明枪易躲，暗箭难防。在很多时候，诽谤与流言并非我们能够制止的，有人群的地方就有流言。而我们对待流言的态度则显得尤为重要。正如美国总统林肯所说："如果证明我是对的，那么人家怎么说我就无关紧要；如果证明我是错的，那么即使花十倍的力气来说我是对的，也没有什么用。"

女人用沉默来应对诽谤，让浊者自浊、清者自清，诽谤最终会在事实面前不攻自破的。在现实生活中，拥有"不辩"的胸襟，就不会与他人针尖对麦芒，睚眦必报；拥有"不辩"的情操，宽恕永远多于怨恨。

有这样一个故事：

有位修行很深的禅师叫白隐，无论别人怎样评价他，他都会淡淡地说一句：就是这样吗。

在白隐禅师所住的寺庙旁，有一对夫妇开了一家食品店，家里有一个漂亮的女儿。夫妇俩发现尚未出嫁的女儿竟然怀孕了。这种见不得人的事，使得她的父母震怒异常。在父母的一再逼问下，她终于吞吞吐吐地说出"白隐"两字。

她的父母怒不可遏地去找白隐理论，但这位大师不置可否，只若无其事地答道："就是这样吗。"孩子生下来后，就被送给白隐，此时，他的名誉虽已扫地，但他并不在意，而是非常细心地照顾孩子——他向邻居乞求婴儿所需的奶水和其他用品，虽不免横遭白眼，或是冷嘲热讽，他总是处之泰然，仿佛他是受托抚养别人的孩子一样。

事隔一年后，这位没有结婚的妈妈，终于不忍心再欺瞒下去了，她老老实实地向父母吐露真情：孩子的生父是住在附近的一位青年。

她的父母立即将她带到白隐那里，向他道歉，请他原谅，并将孩子带回。

白隐仍然是淡然如水，他只是在交回孩子的时候，轻声说道："就是这样吗。"仿佛不曾发生过什么事；即使有，也只像微风吹过耳畔，霎时即逝！

白隐为给邻居女儿以生存的机会和空间，代人受过，牺牲了为自己洗刷清白的机会，受到人们的冷嘲热讽，但是他始终处之泰然，只有平平淡淡的一句话——"就是这样吗"。雍容大度的白隐禅师着实令人赞赏景仰。

环视芸芸众生，能做到遭误解、毁谤，不仅不辩解、报复，反而默默承受，还甘心为此奉献付出、受苦受难者有几？这样的忍耐是黑暗中的光芒。

　　生活中遭到委屈、受人误解，总是难免的。当诽谤已经发生，一味地争辩往往会适得其反，不是越辩越黑便是欲盖弥彰。还是鲁迅先生说得好：沉默是金。的确，对付诽谤最好的方法便是保持沉默，沉默是对自己最好的保护。这个世界上清者自清，浊者自浊，相信，时间自会还你公道。

　　某房地产公司里有一个好斗的女孩子，很多同事在被她攻击之后不是辞职就是请调。

　　一天，她的矛头指向了一个平日只是默默工作、话语不多的女孩，谁知那位女孩只是默默地笑着，一句话没说。

　　最后，好斗的那个女孩只好主动鸣锣收兵，但她已气得满脸通红，一句话也说不出来了。

　　过了两个月，好斗的女孩竟然自己主动辞职了。

　　那位女孩的沉默，营造了白居易的诗文"此时无声胜有声"的意境，既保持了自己的尊严，又在一片寂静中凸显了挑衅女孩的粗鄙，使她的险恶用心暴露在众人面前。因此，聪明的女人不会动不动就与人发生争论，而是用智慧的方式不动声色地妥善处理好纠纷。

　　心中有爱的女人向来都是以无声辩有声，以无言驳有言。女人一直在付出，一直在奉献，一直是站在最有理的一方，但是那并非意味着，她们在婚姻中受了委屈会据理力争，男人背叛了会歇斯底里。温柔娴静已经内化为对爱的一种诠释。她们用沉默支撑起一片爱，她们用无言书写幸福的人生。

因此，当有人恶意攻击你时，最佳防卫的方式就是"装聋作哑"。喜欢争执的女人，请克制自己，不要轻易发怒，像胡适那样"以无言驳有言"，却能让对方自败下阵。懂得隐忍的女人，不为自己煽风点火，就能拥有风轻云淡的从容生活。

压抑时，在冥想中接受

冥想，它的内涵究竟是什么呢?

冥想要做的就是努力地感知现在。当一个人放弃思考，将注意力全部转移到呼吸上的时候，冥想自然地就来了。这就是冥想的练习步骤：失去，找回，失去，找回。通过这样的锻炼，可以使人的头脑变得更加专注。

冥想对于不同的人，各有不同的方式，对于有些人来说，静坐型冥想就很合适，只需要呼吸就行了；对于有些人来说，静坐却是在思考很多的东西；对于有些人来说，静坐实际上是一种祈祷。

丹尼尔·格尔曼在他的《毁灭性情感》一书中写道："一个人吃惊的程度越大，这个人就会越倾向于产生烦乱的情感。"通过冥想，可以使人达到一种相对冷静安宁的状态，抛开现实生活中的各种烦乱，从而实现一种幸福感。

有一位医学院的女老师每天坚持做三十分钟冥想，一段时间之后，她的情感和身体都得到很大程度的提高和改善，与那些不做冥想的人相比，她的状态要好很多。她后来通过研究发现：冥想和人的心理免疫系统有着很强的关联性，会让人的身体机能更有活力和弹性。现在，冥想已经越来越多地应用在精神病领域里，并且已经被证实十分有效，它可以帮助我们克服严重的抑郁症、焦虑以及其他的心理问题。

冥想不仅对治疗严重抑郁有帮助，而且对缓解悲伤也有很大的效果，那么它究竟是如何起作用的呢？

当一个人产生某种情感经历的时候，总会出现相应的身体特征。积极的情绪可能会让人的身体感到很舒适。但是当经历痛苦的感情时，比如比较焦虑的时候，人的身体可能就会出现不舒服的症状，比如脖子、肩膀或者是胃部不适，而这些身体状况都对应着相应的情感。因此当遇到这种情况的时候，不要钻牛角尖，沉思自己究竟是怎么回事，到底发生了什么，而要去立即感知身体中相对应的情况。

当感到很压抑的时候，那就要集中注意力在上面，并且接受这个现实，不要试图去确定它，只要简单地去接受它是什么。

"哦，现在心情很难受。难受就难受吧，这是不可避免的，以后就会好了。"

"天啊，我的胳膊上长了这么大的一个包，真是有趣。我想让它变小一点儿，呵呵，它真的可以变小。"

举个例子来说明，当人生病了的时候，通常会建立起一个新的神经通道，大多数的人在这个时候会使自己的思绪陷入这种通道中来，而这条通道与压抑的负面情绪紧密相连，接着这条通道会被逐渐加强。这个时候需要做的是建立一条可替代的通道，而并不是打通一条新的通道。这条可替代的通道是什么呢？是我们自身的修复能力。

其实人们在日常生活中所遇到的大多数疾病，自己的身体都是有能力修复的，当然这也不是绝对的，但是在大多数的情况下是这样的。跟着身体的感觉走，去感知身体，去接受它，不要试图去修复它，它是什么就是什么，只要小有兴趣地观察它就好了，身体内在的修复机制会自动处理它的。

而要做到适应这种方式的关键就是要练习，不断地重复，练习的过程并不是非要集中注意力四十五分钟，而是将失去的注意力找回来并且不断地重复。这样的训练方式其实就是一种冥想。

第六章

亲爱的，
请以简单的方式过生活

再不慢下来，就白活了

很多时候，我们被生活一个又一个目标逼迫得只会忙着赶路，不仅工作紧张，生活也紧张，在做这件事情的时候还会想到有一大堆的事情在等着自己，于是一切都匆匆忙忙，急躁不堪。当我们回首的时候，突然发现只顾匆忙赶路，却失去了更美好的事情。

有这样一个故事：

父子俩一起耕作一片土地。一年一次，他们会把粮食、蔬菜装满那老旧的牛车，运到附近的镇上去卖。但父子两人相似的地方并不多，老人家认为凡事不必着急，年轻人则性子急躁、野心勃勃。

这天清晨，他们又一次运货到镇上去卖。儿子用棍子不停地催赶牛车，要牲口走快些。

"放轻松点，儿子，"老人说，"这样你会活得久一些。"

可儿子坚持要走快一些，以便卖个好价钱。

快到中午的时候，他们来到一间小屋前面，父亲说要去和屋里的叔叔打招呼。儿子继续催促父亲赶路，但父亲坚持要和好久不见的弟弟聊一会儿。

又一次上路了，儿子认为应该走左边近一些的路，但父亲却认为应该走右边有漂亮风景的路。

就这样，他们走上了右边的路，儿子却对路边的草地、野花和清澈的河流视而不见。最终，他们没能在傍晚前赶到集市，只好在一个漂亮的大花园里过夜。父亲睡得鼾声四起，儿子却毫无睡意，只想着赶快赶路。

在路上，父亲又不惜浪费时间帮助一位农民将陷入沟中的牛车拉出来。这一切，都使儿子气愤异常。他一直认为父亲对看日落、闻花香比赚钱更有兴趣，但父亲总对他说："放轻松些，你可以活得更久一些。"

到了第二天下午，他们才走到俯视城镇的山上。站在那里，看了好长一段时间后，两人都不发一言。

终于，年轻人把手搭在老人肩膀上说："爸，我明白您的意思了。"

小镇在前夜因地震而成为一片废墟。

很多时候，我们就和这个青年一样，在人生中不断地奔跑，向着下一个目标不断地奋进；我们的生活被忙碌，以及一个又一个的目标所占满，心里、眼里也只剩下这个目标，当我们回头的时候，却发现生命的过程实际上是很美妙的。

电视剧《士兵突击》中的许三多，一个没有远大的目标，只做好手头上的事的人，每天都很快乐，却最终进入老 A 部队，而成才这样一个有远大目标的人最终却跌了跟头。人应当有这样做事不刻意的生活态度。生活不是比赛，没必要非要拿第一，一切顺其自然，每天活得轻松一些，做好自己当下做的事情就好。

生活的乐趣绝不在于不断地奔跑，生活需要一杯茶的清香，需要一碗酒的浓烈激情。每天早晨出来呼吸新鲜的空气，泡一杯咖啡，听一支优美的曲子，抑或在休息的时候给朋友送去亲手包的饺子，或者陪着父母坐在电视机前说着那些实际上已经说了无数次的经典家常，又或者一家三口一起去海边游玩，让心灵得到极大的放松……

很多时候我们忽视了这些，忘记了那些特别好的朋友的生日，忘记了今天本来说好的和丈夫一起去陪他买条领带；我们想到更多的就是孩子的上学费用怎么办，何时能再买一套房……我们的生活被物质充斥了，理想也都变得物质化了，所以我们急着赶路，跑得气喘吁吁都不停歇。

其实，生活本来可以不这么过，只是我们太紧张了，而忘记了在生活中慢慢体味幸福的味道；我们大可以轻松一些，活得更洒脱一些，做事大可不必急躁，慢慢地走，慢慢地看，你会发现原来生活真的很美好。

你可以在暖阳里读自己喜欢的书，可以在清风里聆听鸟鸣，可以在忙碌中偷闲写写只言片语，可以在周末和家人共享亲情……一切，都有了色彩；一切，都流动了起来；一切，都在慢中尽展风采。

原来，慢也是一种人生。这种人生，不急不躁，却尽享风景；这种人生，不温不火，却静享清净；这种人生，不慌不忙，却饱含出世之思想。

慢下来，静享人生，风景独好，你赏或者不赏，尽在自我掌控之中。

拥有得太多，才觉得鸡毛蒜皮都是烦恼

宋代词人辛弃疾有一句名言：物无美恶，过则为灾。想拥有，是因为占有欲在做怪，如果舍得放弃，就不会如此痛苦了。生活就是如此，有的时候，痛苦和烦恼不是由于得到太少，反而是因为拥有太多。拥有太多，就会感到沉重、拥挤、膨胀、烦恼、害怕失去。

拥有是一种简单原始的快乐，但拥有太多，就会失去最初的欢喜，变得越来越不如意。

有一位穷人向禅师哭诉："禅师，我生活得并不如意，房子太小、孩子太多、太太性格暴躁。您说我应该怎么办？"

禅师想了想，问："你们家有牛吗？"

"有。"穷人点了点头。

"那你就把牛赶进屋子里来饲养吧。"

一个星期后，穷人又来找禅师诉说自己的不幸。

禅师问他："你们家有羊吗？"

穷人说："有。"

"那你就把它放到屋子里饲养吧。"

过了几天，穷人又来诉苦。

禅师问他："你们家有鸡吗？"

"有啊，并且有很多只呢。"穷人骄傲地说。

"那你就把它们都带进屋子里吧。"

从此以后，穷人的屋子里便有了七八个孩子的哭声、太太的呵斥声、一头牛、两只羊、十多只鸡。三天后，穷人就受不了了。他再度找到禅师，请他帮忙。

"把牛、羊、鸡全都赶到外面去吧！"禅师说。

第二天，穷人来看禅师，兴奋地说："太好了，我家变得又宽又大，还很安静呢！"

实际上穷人的日子和以前是一样的，但那之后他却觉得很幸福，就是因为去掉了一些繁杂的东西，让生活回到了从前的状态，所以他会觉得很满足，很幸福。

很多时候我们也一样，当我们一无所有的时候会羡慕别人的拥有，一个贫困的人总会羡慕富人衣食无忧的生活。而一个富人的烦恼可能更多，他可能总是担心自己的生意，顾不上自己的身体。每每一个人静下来的时候内心也充满了孤独与寂寞，这时候，他也会羡慕那些有着简单生活的人们，生活安逸，家庭其乐融融，羡慕那些每天在公园散步的一家三口……

当我们拥有更多的时候，烦恼也会以正比例的方式增加。我们拥有了太多，又一个也不愿意舍弃，这个舍不得，那个舍不得，所以生活中有太多的选择；有选择就有舍弃，所以我们心酸、难受，总觉得生活不如意。而当我们回归最简单的生活方式的时候，却不见得有这么多的烦恼，因为我们拥有的是简简单单的几个东西，所以会珍惜并且更好地把握住拥有的东西。当拥有的东西越来越多的时候，生活有了更多的干扰，而我们的能力又是有限的，所以我们必须舍弃，所以我们痛苦。

当我们苦恼的时候，应该想想实际上是因为我们拥有了太多的东西，这样我们就能释怀。人只有生活在宁静的状态下，才有情趣欣赏世界可爱的一面；体会别人的人情道义和善良，才会有机会享受真正属于自己的人生。

无论社会和时代变得如何喧嚣与躁动，只要我们愿意去找，就一定能发现一片真正安静的角落。即使真的没有安静的外在环境，也要保持一份心灵的宁静，在那里，可以找到自己的精神家园。不要因为一时的失去而伤心，正因为现在的失去，我们以后才能够得到简单的幸福。

愿你历尽千帆，归来仍有童心

相对成年人来讲，儿童是最懂得享受幸福的"专家"了，而那些能够保有孩童之心的成年人，更可称得上是懂生活的艺术家。在这个复杂喧闹的社会中，能保持年轻人特有的幸福精神与要旨是相当难得而宝贵的。如果要拥有永远的幸福，我们就不能够让自己的精神变得衰老、迟钝或疲倦，要始终以一颗单纯的心去面对生活。

有位老师问她7岁的学生："你幸福吗？"

"是的，我很幸福。"她回答。

"经常都是幸福的吗？"老师再问道。

"对，我经常都是幸福的。"

"是什么使你感觉幸福呢？"老师继续问道。

"是什么我并不知道。但是，我真的很幸福。"

"一定是有什么事物才使得你幸福的吧？"老师继续追问着。

"是啊！我告诉你吧！我的玩伴们使我幸福，我喜欢他们。学校使我幸福，我喜欢上学，我喜欢我的老师。还有，我喜欢上教堂，也喜欢主日学校和其中的老师们。我爱姐姐和弟弟，我也爱爸爸和妈妈，因为爸妈在我生病时关心我。爸妈是爱我的，而且对我很亲切。"

　　老师认为在她的回答中，一切都已齐备了——和她玩耍的朋友（这是她的伙伴）、学校（这是她读书的地方）、教会和她的主日学校（这是她做礼拜之处）、姐弟和父母（这是她以爱为中心的家庭生活圈）。这是具有极单纯形态的幸福，而人们最高的生活幸福莫不与这些因素息息相关。

　　真正的幸福是很简单的，它就存在于生活中的每一个细微之处。这些简单平凡的"小幸福"要有一颗纯真、质朴的童心才能够体会。成功学大师戴尔·卡耐基在其《快乐的人生》中记载了自己的一次关于简单幸福的体验：

　　有一次，我与一个和睦的家庭共同度过了一个难忘的夜晚。次日清晨，我们在餐厅内共进早餐。这个餐厅最为别致之处就在于它四周的墙壁分别挂有男主人童年成长的乡村景观图片。图片中除了一一反映男主人的童年生活外，还有高低起伏的丘陵、暖阳照耀的山谷、涟漪荡漾的小河……图片令人感受到小河中的水在静静地流淌着，尤其在阳光之下更显得闪闪发亮。清澈的水流围绕着岩石，在弯弯曲曲的径道中曲折而行。河流旁边不规则地散落着许多小房子，而房子的中间耸立着外形如塔状高尖的教堂。

　　当大伙用过早餐之后，男主人欣然指着壁上的画，对大家讲起他从前的快乐回忆："我偶尔坐在餐厅中，看着壁上的画，不禁置身于往事之中。譬如，想起小时候的我总爱赤着脚在小溪中走来走去，即使时日已远，但我仍然清楚地记得在我脚下的那些泥土是多么细软纯洁。夏天时，我们在小河边钓鱼；春天时节，我们则坐着木板从丘陵上一路滑下去。"

"在童年的记忆中，最令我难以忘怀的还有那个高高尖尖的教堂……"这位男士满脸洋溢着微笑继续说着，"教堂里时时会举办盛大的布道会。尽管当时我什么也听不懂，只会静静坐着，但是现在想来，这也不失为一项幸福的回忆。现在，父母虽然均已永眠于教堂旁的墓地，但是在回忆中、在墓地旁，均能清晰地想起过去的甜蜜光景，而父母的叮嘱声音也仿佛近在耳边。有时，当我累了或精神紧张时，我便坐在这儿安静地观赏教堂的画，它让我重拾旧时那段纯真无瑕的时光，它真的能带给我平和的心灵！"

或许并非每个人都有这么美丽的童年回忆，但是每个人都可以拥有一颗质朴、纯净的心灵。当你为生活的忙碌和沉重而感到不堪重负的时候，不妨试着还自己一颗童心，这样你就可以远离都市的喧嚣，找到一份简单自然的心情。

极简单，极快乐

很多爱美的女人在出门前总是要进行一番细致的打扮，这个过程也许包含着很多复杂的程序，她们却乐在其中。完全不顾等待的人有多么焦急和无奈。事实上，这些所谓的繁文缛节很多时候是不必要的。

人生如果充满了这些细枝末节的琐碎，怎么可能有精力做重要的事情呢？因此，我们的生活和人生都需要化繁为简。"化繁就简"是节省时间、人力的最佳方法，要训练自我成为能担当的通才，做事自然会简单化。在五光十色的现代世界中，应该记住这样古老的真理：活得简单才能活得自由。

住在田边的蚂蚱对住在路边的蚂蚱说："你这里太危险，搬来跟我住吧！"

路边的蚂蚱说："我已经习惯了，懒得搬了。"

几天后，田边的蚂蚱去探望路边的蚂蚱，却发现对方已被车子压死了。

原来掌握命运的方法很简单，远离懒惰就可以了。

一只小鸡破壳而出的时候，刚好有只乌龟经过，从此以后，小鸡就打算背着蛋壳过一生。它受了很多苦，直到有一天，它遇到了一只大公鸡。

原来摆脱沉重的负荷很简单，寻求名师指点就可以了。

一个孩子对母亲说："妈妈你今天好漂亮。"
母亲问："为什么？"
孩子说："因为妈妈今天一天都没有生气。"

原来要拥有漂亮很简单，只要不生气就可以了。

一位农夫，叫他的孩子每天在田地里辛勤劳作，朋友对他说："你不需要让孩子如此辛苦，农作物一样会长得很好的。"
农夫回答说："我不是在培养农作物，而是在培养我的孩子。"

原来培养孩子很简单，让他吃点苦就可以了。

有一家商店经常灯火通明，有人问："你们店里到底是用什么牌子的灯管？那么耐用。"
店家回答说："我们的灯管也常常坏，只是我们坏了就换而已。"

原来保持明亮的方法很简单，只要常常换掉坏的灯管就可以了。

有一支淘金队伍在沙漠中行走，大家都步伐沉重，痛苦不堪，只有一人快乐地走着，别人问："你为何如此惬意？"

他笑着说："因为我带的东西最少。"

原来快乐很简单，只要放弃多余的包袱就可以了。

生命之舟需要轻载。一个人在自己觉得不堪重负的时候，应当学会做"减法"，减去一些不需要的东西，有时候简单一点儿，人生反而会觉得更踏实。

有人这样说过，"简单不一定最美，但最美的一定简单"。最美的幸福生活也应当是简单的生活。幸福的真谛就在于过简简单单、内心纯净的生活。

简单是一门艺术。越复杂越容易拼凑，越简单就越难设计。在服装界有"简洁女王"之称的简·桑德说："加上一个扣子或设计一套粉色的裙子是简单的，因为这一目了然。但是，对简约主义来说，品质需要从内部来体现。"她认为，简单不仅仅是摈除多余的、花哨的部分，避免喧嚣的色彩和烦琐的花纹，更重要的是体现清纯、质朴、毫不造作。

用过电脑的朋友都知道，在系统中安装的应用软件越多，电脑运行的速度就越慢，并且在电脑运行的过程中，还会有大量的垃圾文件、错误信息不断产生，若不及时清理掉，不仅会影响电脑的运行速度，还会造成死机甚至整个系统的瘫痪。所以必须定期地删除多余的软件，清理掉那些无用的垃圾文件，这样才能保证电脑正常工作。

我们的生活和电脑系统的情况十分类似，女人如果想过一种幸福快乐的生活，请不要沉浸在生活的细节末梢中，不要徘徊在无聊的琐碎事务中，请卸掉不必要的包袱，轻松上路。只有这样，才能走得更远，飞得更高。

用情趣给生活想要的仪式感

我们的生活可以很平凡，很简单，但是不可以缺少情趣。一个懂得简单生活的人可以从做家务、教育孩子、为配偶购买情人节礼物等平凡的生活细节中体验到生活的快乐。

小张出生在一个穷苦家庭，一个男生喜欢她，同时也喜欢另一个家境很好的女生。在男生眼里，她们都很优秀，他不知道应该追求谁。有一次，他到小张家玩，她的房间非常简陋，没什么像样的家具。但当他走到窗前时，发现窗台上放了一瓶花——瓶子只是一个普通的水杯，花是在田野里采来的野花。

就在那一瞬间，他下定了决心，选择小张作为终身伴侣。促使他下这个决心的理由很简单，小张虽然穷，却是个懂得生活的人，将来无论他们遇到什么困难，他相信她都不会失去对生活的信心。

小白喜欢时尚，爱穿与众不同的衣服。她是被别人羡慕的白领，但她却很少买特别高档的时装。她找了一个手艺不错的裁缝，自己到布店买一些不算贵但非常别致的料子，自己设计衣服的样式。在一次清理旧东西时，一床旧的缎子被面引起了她的兴趣——这么漂亮的被面扔了怪可惜的，不如将它送到裁缝那里做一件中式时装。想不到效果出奇好，她的"中式情结"由此一发而不可收：她用小碎花的旧被套做了一件立领带盘扣的风衣；她买了一块红缎子稍微加工，就让她那件平淡无奇的黑长裙大为出彩……

小王是个普通的职员，过着很平淡的日子。她常和同事说笑："如果我将来有了钱……"同事以为她一定会说买房子买车子，而她的回答是："我就每天买一束鲜花回家！"不是她现在买不起，而是觉得按她目前的收入，到花店买花有些奢侈。有一天她走过人行天桥，看见一个乡下人在卖花，他身边的塑料桶里放着好几把康乃馨，她不由得停了下来。这些花一把才卖5元钱，如果是在花店，起码要15元，她毫不犹豫地掏钱买了一把。这把从天桥上买回来的康乃馨，在她的精心呵护下开了一个月。每隔两三天，她就为花换一次水，再放一粒维生素C，据说这样可以让鲜花开放的时间更长一些。每当她和孩子一起做这一切的时候，都觉得特别开心。

生活中还有很多像小张、小白、小王这样懂得生活艺术的人，他们懂得在平凡的生活细节中捡拾生活的情趣。亨利·梭罗说过："我们来到这个世上，就有理由享受生活的快乐。"当然，享受生活并不需要太多的物质支持，因为无论是穷人还是富人，他们对幸福的感受并没有很大的区别，我们可以通过摄影、收藏、从事业余爱好等各种途径培养生活情趣。

生活的艺术可以用许多方式表现出来，没有任何东西可以不屑一顾，没有任何一件小事可以被忽略。一次家庭聚会，一件普通得再也不能普通的家务，都可以为我们的生活带来无穷的乐趣与活力。

乐趣不是等哪一天你有了某某物或者某个人之后才会有，生活中的各种乐趣在于自己的发现。一个很富有的人的生活不一定有乐趣，一个很贫困的人也能把自己的小日子过得有滋有味。养一盆花，或者喜欢做手工艺品，又或者不断地尝试着做各种美味，都是一种乐趣，平凡的生活因为有了这些小的点缀而变得有滋有味，百无聊赖的日子一下子变得鲜活起来。我们都要学会给自己找一些乐趣，或者在生活中善于创造这些乐趣，让平淡的日子不再平淡。

人活一世，什么都要享受一下才不亏

一位得知自己不久于人世的老先生，在日记簿上记下了这样一段文字：

"如果我可以从头活一次，我要尝试更多的错误，我不会再事事追求完美。

"我情愿多休息，随遇而安，处世糊涂一点儿，不对将要发生的事处心积虑地计算着。其实人世间有什么事情需要斤斤计较呢？

"可以的话，我会多去旅行，跋山涉水，再危险的地方也要去一去。以前不敢吃冰激凌，是怕健康有问题，此刻我是多么后悔。过去的日子，我实在活得太小心，每一分、每一秒都不容有失，太过清醒明白，太过合情合理。

"如果一切可以重新开始，我会什么也不准备就上街，甚至连纸巾也不带一块，我会放纵地享受每一分、每一秒。如果可以重来，我会赤足走出户外，甚至彻夜不眠，用自己的身体好好地感受世界的美丽与和谐。还有，我会去游乐场多玩几圈木马，多看几次日出，和公园里的小朋友玩耍。

"只要人生可以从头开始，但我知道，不可能了。"

美国诗人惠特曼说："人生的目的除了去享受人生外，还有什么呢？"林语堂也持同样的看法，他说："我总以为生活的目的即是生活的真享受……是一种人生的自然态度。"

生活本是丰富多彩的，除了工作、学习、赚钱外，还有许许多多美好的东西值得我们去享受：可口的饭菜、温馨的家庭生活、蓝天白云、红花绿草、飞溅的瀑布、浩瀚的大海、雪山与草原等。

此外还有诗歌、音乐、沉思、友情、谈天、读书、体育运动、喜庆的节日……甚至工作和学习本身也可以成为享受，如果我们不是太急功近利，不是单单为着一己利益，我们的辛苦劳作也会变成一种乐趣。让我们把眼光从"图功名"上稍稍挪开，去关注一下我们生命、生活中的这些美好吧。

一个 6 岁的小女孩问妈妈："花儿会说话吗？"

"噢，孩子，花儿如果不会说话，春天该多么寂寞，谁还对春天左顾右盼？"

小女孩满意地笑了。

小女孩长到 16 岁，问爸爸："天上的星星会说话吗？"

"噢，孩子，星星若能说话，天上就会一片嘈杂，谁还会向往天堂静谧的乐园？"

小女孩又满意地笑了。

女孩长到 26 岁，已是个成熟的女性了。一天，她悄悄地问做外交官的丈夫："昨晚宴会，我表现得合适吗？"

"棒极了！"外交官不无欣赏和自豪之情，"你说话的时候，像叮咚的泉水、悠扬的乐曲，虽千言而不繁；你静处的时候，似浮香的荷、优雅的鹤，虽静音而传千言……能告诉我你是怎样修炼的吗？"

妻子笑了："6岁时，我从当教师的妈妈那儿学会了和自然界对话。16岁时，我从当作家的爸爸那儿学会了和心灵对话。在见到你之前，我从哲学家、史学家、音乐家、外交家、农民、工人、老人、孩子那里学会了和生活对话。亲爱的，我还从你那里得到了思想、智慧、胆量和爱！"

一个通透的女人，是优雅快乐的，她会感受生活，会品味生活中每时每刻的内容。虽然享受生活必须有一定的物质基础，努力工作和学习，创造财富，发展经济，这当然是正经的事。但是，劳作本身不是人生的目的，人生的目的是"生活得写意"。一方面勤奋工作，一方面使生活充满乐趣，这才是和谐的人生。

享受生活，并非花天酒地，或过懒汉的生活。享受生活，是要努力去丰富生活的内容，努力去提升生活的质量。愉快地工作，也愉快地休闲。散步、登山、滑雪、垂钓，或是坐在草地或海滩上晒太阳。在做这一切时，使杂务中断，使烦忧消散，使灵性回归，使亲伦重现。

用乔治·吉辛的话说，是过一种"灵魂修养的生活"。

从不预支"此刻的生活"

　　现代人总觉得自己的生活疲惫忙碌，而无暇享受此刻美好的生活，是因为我们总是担心时间不够，就像我们总是觉得钱不够一样。女人学习停下脚步，享受已经拥有的时间、金钱与爱，是我们生活中重要的一课。

　　释迦牟尼在成佛之前，经历过很多次的磨炼和苦修，从中领悟了许多人生的智慧和真谛。

　　有一天，释迦牟尼要进行一次长途的跋涉，他因为急于到达目的地，便无畏于路程的遥远艰苦，只是努力地赶路。长途漫漫，释迦牟尼累得精疲力竭，终于，眼看就要到达自己想去的地方了，释迦牟尼松了口气。就在他心情放轻松的同时，他感觉到自己的脚下有一颗小石子磨得双脚很不舒服。那颗石子很小，小到让人根本没察觉它的存在。

　　其实，在释迦牟尼刚开始赶路不久时，他就已经清楚地感觉到那颗小石子在鞋子里，不断地刺痛着脚底，让他觉得不舒服。

　　然而，释迦牟尼一心忙着赶路，也不想浪费时间脱下鞋子，索性便把那颗小石子当作是一种修行，不去理会。

直到这时，他才停下急切的脚步，心想着：既然目的地已经快要抵达了，又还有一些余暇，干脆就在山路上把鞋子脱下来，把脚下的小石子从鞋子里倒出来，让自己轻松一下吧！

就在释迦牟尼低头弯腰准备脱鞋的时候，他的眼睛不自觉地瞄向沿路的水光山色，竟然发现它们是如此美丽。当下，他领悟了一个重要的道理：自己这一路走来，如此匆忙，心思意念竟然只专注在目的地上，完全没有发现四周景色的优美。

释迦牟尼把鞋子脱下，然后将那颗小石子拿在手中，不禁赞叹着说："小石头啊！真想不到，这一路走来，你不断地刺痛我的脚掌心，原来是要提醒我，慢点儿走，注意生命中的一切美好事物啊！"

如果天上的星辰一生只出现一次，那么每个人一定会出去仰望，而且看过的人一定会大谈这次景象的庄严和壮观。媒体一定提前大做宣传，而事过许久还要大赞其美。星辰果真只出现一次，我们一定不愿错过星辰之美，不幸的是它们每晚都闪亮，所以我们好几个月都不去抬头望一眼天空。

正如罗丹所说的："生活中不是缺少美，而是缺少发现。"不会欣赏每日的生活是我们最大的悲哀。其实我们不必费心地四处寻找，美本来就是随处可见的。

可惜的是，生活中的此时此地总是被忽略，我们无意中预支了"此刻的生活"。

我们总是想着等我有了某某之后，我会怎样，我们会为了某个特定的目标不断地奋斗，努力，却从来没有享受在这个过程中的快乐，因为我们总是想着有了现在的苦，才会有以后的幸福，我们每一刻都在等待，等待着最美的时刻出现，却因此错过了很多美好的时刻。就像电视剧里常常出现的那种情形：一个男人或者一个女人为了自己爱的人备受折磨，痛苦不堪，到头来失去的时候才发现，在自己痛苦的时候那个一直默默地陪在自己身边的人，其实更值得自己珍惜，这个人实际上才是自己真正要找的人。

很多时候人生就像戏剧一样，很滑稽，我们往往不断追逐某些东西，为此永远不知疲惫，但是往往会在最后发现，在自己匆忙赶路寻找风景的时候，却失去了沿途最美的风景。

女人充分享受生活，放慢脚步让自己停留在一个没有过去，也没有未来，只有现在的地方。当你停止疲于奔命时，你会发现生命中未被发掘出来的美；当生活在欲求永无止境的状态时，我们永远都无法体会生活之美。

真正通透的女人，必耐得住寂寞

不少现代人畏惧寂寞，其实，它可使浅薄的人浮躁，使空虚的人孤苦，也可使睿智的人深沉，使淡泊的人从容。

北宋文豪苏轼因"乌台诗案"被贬至黄州为团练副史四年后，写下一篇短文：

元丰六年十月十二日夜，解衣欲睡，月色入户，欣然起行。念无与为乐者，遂至承天寺寻张怀民。怀民亦未寝，相与步于中庭，庭下如积水空明，水中藻荇交横，盖竹柏影也。何夜无月？何处无竹柏？但少闲人如吾两人者耳。

透过寂寞，我们品咂出几分潇洒、几分自如。

古今中外，智者往往独守这份寂寞，因为他们深知，最好的往往是最寂寞的；他们能沉得住气，守得住寂寞的煎熬，在寂寞中沉浮，在寂寞中沉淀自己。

其实，寂寞是一种难得的感觉，在感到寂寞时轻轻地合上门和窗，隔去外面喧闹的世界，默默地坐在书架前，用粗糙的手掌拂去书本上的灰尘，翻着书页，嗅觉立刻又触到了久违的纸墨清香。

关于寂寞，梁实秋先生曾说：

寂寞是一种清福。我在小小的书斋里，焚起一炉香，袅袅的一缕烟线笔直地上升，一直戳到顶棚，好像屋里的空气是绝对的静止，我的呼吸都没有搅动出一点波澜似的。我独自暗暗地望着那条烟线发怔。屋外庭院中的紫丁香还带着不少嫣红焦黄的叶子，枯叶乱枝的声响可以很清晰地听到，先是一小声清脆的折断声，然后是撞击着枝干的磕碰声，最后是落到空阶上的拍打声。这时节我感到了寂寞。在这寂寞中我意识到了我自己的存在——片刻的孤立的存在。这种境界并不太易得，与环境有关，更与心境有关。寂寞不一定要到深山大泽里去寻求，只要内心清净，随便在市廛里、陋巷里，都可以感觉到一种空灵悠逸的境界，所谓"心远地自偏"是也。在这种境界中，我们可以在想象中翱翔，跳出尘世的渣滓，与古人同游。所以我说，寂寞是一种清福。

在礼拜堂里我也有过同样的经验。在伟大庄严的教堂里，从彩色玻璃窗透进一股不很明亮的光线，沉重的琴声好像是把人的心都洗淘了一番似的，我感到了我自己的渺小。这渺小的感觉便是我意识到我自己存在的明证。因为平常连这一点点渺小之感都不会有的！

我的朋友肖丽先生卜居在广济寺里，据他告诉我，在最近一个夜晚，月光皎洁，天空如洗，他独自踱出僧房，立在大雄宝殿的石阶上，翘首四望，月色是那样的晶明，蓊郁的树是那样的静止，寺院是那样的肃穆，他忽然顿有所悟，悟到永恒，悟到自我的渺小，悟到四大皆空的境界。我相信一个人常有这样的经验，他的胸襟自然豁达寥廓……

无论对于谁，寂寞与否，取决于心境的有无所依。

在命运的行程中，每个人都是独行者。然而，懂得生活的人，耽于寂寞之隅，义无反顾，终获成功与幸福；心浮气躁者，终见陋于大方，为寂寞所弃。

真正体验了寂寞的人，才会更加珍视生活的温馨。

寂寞是一种清福、一种享受，在喧闹的尘世之中，需保持心灵的清静。

留一点儿时间给自己

曾经有一个都市白领在日记中这样写道：

前几天，遇到一个好久不见的朋友，聊天的时候，他问了我这样一句话："你是怎么休假的？"面对这个极其普通的问题，我竟半天答不上来。后来，静下心来仔细想想，我最大的苦恼，就是很难找到真正属于自己的时间。一周五天，一天八个小时，工作时间的紧张繁忙自不必说，连准时下班对我来说都是一种奢侈，因为总是到了下班时间却无法结束工作。

的确，现在生活节奏在不断地加快，人们每日的生活被安排得满满的，甚至会为工作忙碌到深夜，每天忙碌的是工作，谈论的是工作，几乎没有任何的个人闲暇时间，更何谈什么娱乐活动呢？生活是丰富多彩的，而我们却只顾低头赶路！

生活中需要一些时刻属于我们自己。巴尔扎克说过，"躬身自问和沉思默想能够充实我们的头脑"。生活中，我们需要为自己找出一段完全属于自己的时间，和自己的心灵对话，体味生命的意义。有人问古希腊大学问家安提司泰尼："你从哲学中获得什么呢？"他回答说："同自己谈话的能力。"同自己谈话，就是发现自己，发现另一个更加真实的自己。

很多时候我们的内心常为外物所遮蔽掩饰，从而无暇去聆听自己内心最真实的声音。于是，我们总是在冥冥之中希望有一个天底下最了解自己的人，能够在大千世界中坐下来静静倾听自己心灵的诉说，能够在熙来攘往的人群中为我们开辟一方心灵的净土。可芸芸众生，"万般心事付瑶琴，弦断有谁听？"伯牙与钟子期这样深挚的友谊似乎都成了可望而不可即的奢望。知己是难寻，不过友情也是需要经营的，我们却忽视了，所以我们孤单。

其实很多时候我们就是自己最好的知音，世界上还有谁能比自己更了解自己？还有谁能比自己更能替自己保守秘密呢？因此，当你烦躁、无聊的时候，不妨给自己一点儿时间，和自己的心灵认真地对话，让心灵退入自己的灵魂中，静下心来聆听自己心灵的声音，问问自己：我为何烦恼？为何不快？满意这样的生活吗？我的待人处世错在哪里？我是不是还要追求工作上的成就？我要的是自己现在这个样子吗？生命如果这样走完，我会不会有遗憾？我让生活压垮或埋没了没有？人生至此，我得到了什么、失落了什么？我还想追求什么……

这样，在自己的天地里，你可以慢慢修复自己受伤的尊严，可以毫无顾忌地"得意"，也可以坦诚地剖析自己。

人生，不急，不挤。生活不要安排得太满，人生不要设计得太挤。不管做什么，都要给自己留点空间，好让自己可以从容转身；都要给自己留点时间，好让自己认真倾听内心最真实的声音。这种倾听可以让我们从生活的繁忙中抽身出来，拓展我们人生的深度，让我们再度体验自己生命的甘美。

第七章

**你当温暖，
且有力量**

以坚强的姿态，对抗生活的凌厉

坚强是一种品性，是千锤百炼磨砺出来的结果，是每一个人在不幸中支撑身心的精神柱梁。坚强的女人，拥有苦难打不弯的脊梁，所以永远是昂然挺立的姿态。如果一个人不够坚强，也不可能经历更多更广的事物。如果不够坚强，他是没有勇气和胆量去经历新奇，去开拓创新的。人生是一个磨砺的过程，而坚强便是磨炼出来的精华。

生活之中有了坚强，一切才变成了风雨之后的彩虹，绚丽而又张扬。坚强的女人柔韧，她们虽不会像男人那样有泪不轻弹，但流过泪后往往比男人更加坚强、出色。坚强可以使女人更从容地面对生活。像美丽的蝴蝶破茧而出，战胜了生命中的痛苦之后，绽放出令世界倾倒的光芒。

高考后，她考入了一所普通院校，因为不甚理想，她选择了重读，终于考上了一所著名的高等学府。在大学里，她一直都很活跃，为了实现自己做一名外交官的梦想而不懈努力。然而上大三时，她却被告知学籍被注销了，原因是四年前未去那所普通院校报到，违反了当时的规定。这意味着她整个的人生之路被改写了，她没有抱怨谁，也没有消沉，而是坚持修完了全部课程。

　　毕业后，她选择了从商。她用这样的话鼓舞自己："成功是多元的，分阶段的，人生永远在变化之中，高峰与低谷都是常事。关键是自己如何评价自己。"

　　走上漫漫创业路，困难、挫折是无法想象的，但她始终坚持着，咬着牙走到底。她从一个青涩的小姑娘成长为一名理性的企业家，一个拥有精彩生命的女人。

　　现在的她，拥有一家全国知名的制药企业，"年轻富有""事业有成"等华丽的辞藻背后，其实是"坚强"两个字在闪烁光彩。假若在得知学籍被注销时就哭哭啼啼，终日哀叹，我们现在看到的只能是一个可怜的失败者。"上帝在此处关门，必然会在别处开窗。"一颗坚强的心将载你驶往成功的彼岸。

　　坚强的个性是一种傲人的勇气，生活之中女人只有拥有了这种勇气，才能不断地开拓通往成功的道路。坚强的个性又是一条做人的准则，因为有了这条准则，女人才会珍惜自己的生命，能够在炼狱之中，始终保持必胜的信心。

　　《易经》曰："天行健，君子以自强不息。"也许有时候，我们无奈于生命的长度，但是坚强能够让我们选择生命的宽度与厚度。在这个世界上，我们会遇到赏罚不公，我们会遇到就业压力，我们会遇到竞争，我们会遇到病魔，我们会遇到……但是，女人可以运用自己手中坚强的画笔，在逆境中为自己描绘一片属于自己的蓝天，为自己描绘出红花绿草、习习清风。

生活的天平，不会永远保持完全的平衡，因此，无论在什么时候，你都要保持一个平静的心态，做到宠辱不惊，才能坚强面对现实中的不公平。坚强可以让你变成一株迎风傲雪的青松，承受阳光雨露的洗礼，忍受雷霆万钧的轰击，稳稳地矗立在大山之巅，目送流云，轻揽晚风。

坚强的女人好似蚌母之中的珍珠，初入壳中之时，不过是世间一粒最不起眼的沙尘。在贝壳之中，要忍受暗无天日的生活，忍受海水一次次的冲击，忍受蚌母"眼泪"一次次的洗礼，但她重见天光之时，必能光华璀璨。坚强的女人好似让人目不转睛的钻石，在被开采之前，沉默于岩层之下，忍受贫瘠与煎熬，而当她展现在世人面前之时，却是历经劫难之后的晶莹和流光溢彩的美。

通透的女人知道，来到这个世界的时候，有很多事情是无法选择的，但是可以选择是坚强地走完一段崎岖之路，还是懦弱地回避着苦难而被无形的力量困在原地。坚强的女人有着钻石的坚硬，经得起困难的打磨；坚强的女人，拥有苦难打不弯的脊梁，永远以昂扬的姿态挺立在不如意中，信心百倍地为明天掌舵起航。

你的宽容，必须有底线

　　宽容是一种非凡的气度、宽广的胸怀，是对人对事的包容和接纳。有人曾说过："世界上最宽阔的是海洋，比海洋宽阔的是天空，比天空更宽阔的是人的胸怀。"

　　宽容是一种仁爱的光芒、无上的福分，是对别人的释怀，也是对自己的善待。宽容是一种生存的智慧、生活的艺术，是看透了社会人生以后所获得的那份从容、自信和超然。

　　真正的宽容接纳正如《宽容之心》中写道："一只脚踩扁了紫罗兰，它却把香味留在那脚跟上，这就是宽恕。"宽容赋予人美丽的内心，宽容让人心平气和、纯净安宁。

　　一个宽容的女人总是保持着一种恬淡、安静的心态，做着自己应该做的事情。宽容的女人就像一杯清茶沁人心脾，一个善意的微笑，一句幽默的话语，也许就能化解人与人之间的怨恨和矛盾，填平感情的沟壑。美国前总统克林顿的妻子希拉里就是这样一个心胸豁达、大度的女人。

　　2003 年 6 月，希拉里出版了自传《鲜活的历史》，对于此书，各方褒贬不一，有人叫好不迭，也有人大泼冷水。美国有线新闻网络脱口秀的著名节目主持人卡尔森对该书的评价是：她的这本书不可能卖得好，我敢打赌，如果超过 100 万本，我把她的鞋子吃下去。

令这位主持人意想不到的是，这本自传没过几个星期就畅销了 100 万本，以至于出版商不得不迅速加印。这下人们就等着这位主持人吃鞋子的好戏看了，谁让他把话说得那么绝对呢。

果然，这位主持人收到了希拉里给他送来的鞋子，不过，这只鞋子的材料不同，是希拉里特意为他定做的鞋子形状的蛋糕。主持人边吃边说："这鞋子吃起来味道不错，因为里面加了一种特殊的调料——宽容。"

面对主持人的嘲讽，得理的希拉里并没有给以对方激烈的言语回击或等着看对方吃鞋子，而是用一种幽默、宽容的方式巧妙地化解了这场冲突。希拉里因宽容而更加让人敬佩，蛋糕鞋子因宽容而更加美味可口。

所以说，宽容是对别人的谅解，对自己的考验。为人宽容，我们就能解人之难，补人之过，扬人之长，谅人之短，从而赢得永久的友谊。

第二次世界大战期间，一支部队在森林中与敌军相遇，激战后，两名战士与部队失去了联系。这两名战士来自同一个小镇。

两人在森林中艰难跋涉，他们互相鼓励、互相安慰，十多天过去了，仍未与部队联系上。这一天，他们打死了一只鹿，依靠鹿肉又艰难度过了几天。也许是战争使动物四散奔逃或被杀光，这以后他们再也没看到过任何动物。他们仅剩下的一点儿鹿肉，背在年轻战士的身上。这一天，他们在森林中又一次与敌人相遇，经过再一次激战，他们巧妙地避开了敌人。就在自以为已经安全时，只听一声枪响，走在前面的年轻战士中了一枪——幸亏伤在肩膀上！后面的士兵惶恐地跑了过来，他害怕得语无伦次，抱着战友的身体泪流不止，并赶快把自己的衬衣撕下包扎战友的伤口。

晚上，未受伤的士兵一直念叨着母亲的名字，两眼直勾勾的。他们都以为熬不过这一关了，尽管饥饿难忍，可他们谁也没动身边的鹿肉。天知道他们是怎么度过的那一夜。第二天，部队救出了他们。

事隔三十年，那位受伤的战士安德森说："我知道谁开的那一枪，他就是我的战友。在他抱住我时，我碰到了他发热的枪管。我怎么也不明白，他为什么对我开枪？但当晚我就原谅了他。我知道他想独吞我身上的鹿肉，我也知道他想为了母亲而活下来。此后三十年，我假装根本不知道此事，也从不提及。战争太残酷了，他母亲还是没有等到他回来，我和他一起祭奠了老人家。那一天，他跪下来，请求我原谅他，我没让他说下去。我们又做了几十年的朋友，我宽恕了他。"

的确，能容纳别人的人是可敬的，生命的意义在于彼此接纳的和谐，宽恕是一种极高的美德，一个饶恕别人的人自己的内心也会得到释放，因为他们的生活不是充满了仇恨而是充满了爱。

大海因为能够容纳百川，所以浩瀚。莎士比亚忠告人们说："不要因为你的敌人而燃起一把怒火，灼热得烧伤你自己。"假如别人伤害了自己，千万不要只会怨恨，关键是要学会宽容，并避免被别人再次伤害。

学会宽容是一个人成熟的标志。生活中会出现种种问题，例如物价上涨、住房拥挤、交通不便。一个成熟的人不会将自己置身于对这些的抱怨中，而是心如止水，用自己的心去宽容一切，因为生活本来就是苦、辣、酸、甜、咸五味俱全，生活不会只按照自己想象的样子过下去，人在改变这些环境的时候也要在一定程度上适应环境，而不能只是抱怨。

一个懂得宽容的女人对别人不苛求，"能容人处且容人"。每个人都有自己的思维、工作、学习、生活习惯，既有其长处，也有其短处。在社会生活中，人们总要同各种各样的人打交道。换个角度，多注意别人的好处，用理解、同情和爱心去影响别人，使对方既能认识自己的缺点，又能心悦诚服地改正，你就会处处碰到信赖和爱戴自己的朋友和同事，你的人际关系就会因此得到很好的发展。

给人面子，既无损自己的体面，又能使人产生感激和敬重之情。不计较小事，不苛求别人，会为你赢得更多的时间和精力。

当然，对于一个通透的女人来讲，宽容必须有底线，宽容绝不是一味的原谅与忍让，要因人因事、因时因地而异，对于挑拨是非、两面三刀、落井下石、陷人于罪、背信弃义的小人，和违法乱纪、胡作非为、兴风作浪、不知悔改的恶人，是不宜讲宽容的。所谓"大事讲原则，小事讲风格"，才是应取的态度。

在别人需要时拉一把

　　人活于世，不可能不有求于人，也不可能没有助人之时。帮助别人，其实也是在帮助自己。在人落入危难和困窘之时，也正是心灵最脆弱的时候，如果此时你能急人所急，给人所需，受助者一定会永远把这份恩情记在心里，将来有一天能报答你的时候，定会涌泉相报。

　　曾经有一个贫穷的小男孩，为了攒够学费去上学便挨家挨户地推销商品。他劳累了一整天，感到十分饥饿，但摸遍全身，却只有一角钱，怎么办呢？他决定向下一户人家讨口饭吃。但当一位美丽的年轻女子打开房门的时候，这个小男孩却有点不知所措了，他没有要饭，只祈求给他一口水喝。这位女子看到他很饥饿的样子，就拿了一大杯牛奶给他。男孩慢慢地喝完牛奶，问道："我应该付你多少钱呢？"年轻女子回答说："一分钱也不用付。妈妈跟我说，施以爱心，不图回报。"男孩说："那么，就请接受我由衷的感谢吧！"说完男孩离开了这户人家。此时，他不仅感到浑身都是劲儿，而且仿佛看到上帝正朝他点头微笑，那种男子汉的豪气也像山洪一样迸发出来。其实，男孩本来是打算退学的。

过了很多年，那位年轻女子得了一种十分少见的重病，当地的医生对这种病束手无策。最后，她被转到一个大城市医治，并由专家会诊治疗。而大名鼎鼎的霍华德·凯利医生，也就是当年那个小男孩，也参与了医治方案的制订。当他看到病历上所写的病人的来历时，有一个奇怪的念头霎时间闪过他的脑海，他马上起身直奔病房。

来到病房，凯利医生一眼就认出床上躺着的病人正是那位曾帮助过他的恩人。他回到办公室，决心一定要竭尽所能来帮助恩人把病治好。从那天开始，他就特别地关照这位病人。经过艰辛的努力，手术终于成功了。凯利医生要求把医药费通知单送到他那里，在通知单的旁边，他签了字。

当这张医药费通知单送到这位特殊的病人手上时，她不敢看，因为她确信，治病的费用将会花去她的全部家当。但最后，她还是鼓足勇气，翻开了医药费通知单，旁边的那行小字引起了她的注意，她禁不住轻声读了出来：

"医药费——一满杯牛奶。霍华德·凯利医生。"

这个年轻女子的举手之劳，却换来了曾经贫穷无助的霍华德医生一生的感激；她在给当年那个男孩一杯牛奶时，也许完全不会想到，当年的男孩会给她如此贵重的报答。

我们平常所说的"好人有好报"便是这个道理。我们或许给予别人的只是一点儿小小的帮助，但在他人眼里，却无异于天降甘露，甜美万分。他们会将这份恩惠牢牢铭记于心，在我们需要时，可能以数倍甚至数百倍的回报回馈我们。

　　"朋友多了路好走""在家靠父母，出外靠朋友"，友谊所包含的要义中本就应该有互相帮助。"海内存知己，天涯若比邻"，只要我们愿意，任何人都可能成为我们的朋友。在别人需要的时候拉别人一把，在平日里多给别人以关怀，在别人得到幸福的时候，自己也能够得到幸福。

　　朋友之间的互相帮助对于每一个人来说都是很重要的，无论在事业上、感情上还是学业上，有了朋友的帮助会让你人生道路通畅许多。朋友对你感情上的安慰，繁忙的时候为你打好饭菜，心伤的时候在你身旁为你排忧解难，朋友是你人生中一笔巨大的财富，是关键时刻可以依靠的大树。而人的付出和回报都是相应的，今天你不惜一切帮助朋友，在你明天遇到困难时，朋友也会伸出友爱之手，成为你可以依靠的大树。

身披善良，向阳而生

善良的女人是美丽的女人。她们待人谦虚而有自信，积极向上而不嫉妒倾轧，欣赏别人的美而不自卑，了解自己的长处而不嚣张，勇于负责而不跋扈。这种优良的品德会形成一个女人雍容随和的气质，并产生一种优雅之美。

曾经在拥挤的公共汽车上发生过这样一件事，让李刚至今回想起来还感慨万千。

当时李刚的座位是临窗的三号。还没等他坐稳，一个踩他脚的小山似的女人，一屁股将四号座位压得"咯吱"呻吟，一下子，李刚的地盘被她侵占了三分之一。盛夏乘车遇上这样的邻座，他只能自认倒霉了。

他的这排座位是三、四、五号。五号座位上是位不满二十岁的姑娘，一副近视眼镜架在高挺的鼻梁上，表情丰富的脸上清晰地写着对四号邻居的厌恶。原来，五号的"疆土"也遭到胖女人的"扩张"。只见五号几乎愤然地急摇纸扇，把胖女人呛人的汗酸味扇到李刚这边来。李刚心中非常恼火，但又不便说她。

汽车在公路上飞驰。闷热的空气与发动机的"哼哼"声胜过催眠曲，车上的乘客有差不多半数在打盹。四号的眼皮也逐渐合拢。小山似的身躯慢慢向五号倾斜，李刚说他当时真是幸灾乐祸地想，胖女人灰衣服上那汗渍斑斑的"盐碱地"，可以从俏姑娘那里得到一点儿香水味了。

只一会儿，五号由表情讨厌，到怒气升腾，从"厌而远之"到奋起反击：她架起胳膊肘顶四号的胖脸。胖女人一定是在梦中喝醉了酒，任五号怎样明顶暗碰，都撞不开她的梦门。最后五号愤中生智，猛然一闪身，把四号趴扣在座位上，随即，车内一阵窃笑。

四号从突然破碎的梦中惊醒，艰难地支起身，很难为情地低下头玩起自己的胖指头来。

车行至某县城，那位五号姑娘也开始打盹，不由自主地，她的秀发委屈地贴在四号的"盐碱地"上。渐渐地，五号的头滑到了四号的胳膊弯里了。李刚惊异地发现，那个胖女人并没有回敬姑娘一个闪身，反倒尽量保持平稳，让姑娘舒服地倚着她。四号的右臂一定是很累了，她用左手去托扶着右臂。

不知怎么的，李刚心里一下子泛起一股说不清的滋味，不禁对四号低声说："大嫂，弄醒她吧。"

她答非所问："俺家大妞也这般大，年轻人爱困。"

美好的心灵与一个人的形象息息相关，如果你有一颗仁爱之心，那么呈现在别人面前的也是一个宽厚柔美的美好形象。这位大嫂或许并不懂得什么人生大道理，但是她言行举止中所流露出的爱却实在是人生的大道理啊！她朴实无华甚至让人生厌的外表之下隐藏的是一颗金子般的"仁爱"之心，正是这颗心让她本不出众的形象灿烂生辉。

休谟说："人类生活的最幸福的心灵气质是品德善良。"一个心地善良的人，必是一个心灵丰足的人，同时，善良的举动也会带给他人内心的感动和震撼，会在他人心中美丽一生。善良，为女人披上了圣洁的外衣；善良，拓宽了女人生命的道路。

世界的残酷和复杂，逼迫我们不得不努力地塑造自己，让自己更好、更美、更有气质。善良却可以净化我们的心灵和思想，甚至可以感染到任何一个还没有完全泯灭的灵魂。虽然男人喜欢的女人千差万别，但是善良是最基础的品质。

女人，因为有了善良，聪明才不会迷失方向，心胸才能宽阔，眼光才会高远，善良能够指引女人获得更多的信赖和人气。这种内在的气质修养比任何化妆品都更能滋润你的心田，让你的魅力光彩绽放一生。

你给别人的，其实是给自己的

俗语说："赠人玫瑰，手有余香。"学会付出是美好人性的体现，一个懂得付出和给予、善于和别人分享的人，不仅能温暖别人的心，同时也会滋润自己的心。罗曼·罗兰这样说："快乐和幸福不能靠外来的物质和虚荣，而要靠自己内心的高贵和正直。"

曾经有一个僧人走在漆黑的路上，因为路太黑，僧人被行人撞了好几下。他继续向前走，看见有人提着灯笼向他走过来，这时候旁边有人说："这个盲人真奇怪，明明看不见，却每天晚上打着灯笼！"

僧人被那个人的话吸引了，等那个打灯笼的人走过来的时候，他便上前问道："你真的是盲人吗？"

那个人说："是的，我从生下来就没有见到过一丝光亮，对我来说白天和黑夜是一样的，我甚至不知道灯光是什么样的！"

僧人更迷惑了，问道："既然这样你为什么还要打灯笼呢？是为了迷惑别人，不让别人说你是盲人吗？"

盲人说："不是的，我听别人说，每到晚上，人们都变成了和我一样的盲人，因为夜晚没有灯光，所以我就在晚上打着灯笼出来。"

僧人感叹道："你的心地多好呀！原来你是为了别人！"

盲人回答说："不是，我为的是自己！"

僧人更迷惑了，问道："为什么呢？"

盲人答道："你刚才过来有没有被人碰撞过？"

僧人说："有呀，就在刚才，我被两个人不小心碰到了。"

盲人说："我是盲人，什么也看不见，但我从来没有被人碰到过。因为我的灯笼既为别人照了亮，也让别人看到了我，这样他们就不会因为看不见而碰到我了。"

僧人顿悟，感叹道："我辛苦奔波就是为了找佛，其实佛就在我的身边啊！"

盲人照亮了别人的路，却也因此避免了被撞到，一个懂得给予的人，在给予别人的时候，不仅得到了别人的爱戴，还让自己的心灵得到了释放。而一个只知道索取的人，即使接受了别人的给予也不一定心存感激，一毛不拔的人注定什么也不会得到。

传说有一天，阎王正在审判分发小鬼们投胎的去处。阎王宣判道："张三你到东村投胎做人，李四你到西村投胎做人……"地狱中声声不断，阎王依次分派。

这时，一直等在一边的猴子忍不住开口说："阎王，那些小鬼你都让他们去投胎做人，你就发发慈悲心肠，让我这只猴子也去尝尝做人的滋味吧。"

阎王说："猴子啊，人的身上没有长长的毛，而你全身上下长满了毛，怎么能去做人呢？"

猴子说："我把身上的毛拔光，不就可以到人间去了吗？"

阎王经不起猴子的再三哀求，答应帮助猴子拔毛。阎王伸手拔了一根毛，猴子痛得"嗷嗷"直叫，一溜烟地逃走了。

阎王叹了一口气说："连一毛都舍不得拔，还怎么有资格做人呢？"

猴子一毛不拔，所以注定什么也得不到。

生活中，有些人常常会抱怨生活给予的太少，可能会觉得某个人对自己不友好，可能会觉得丈夫不够关心自己。人们想问题的方式往往倾向于得到了多少，而不是付出了多少，总是想别人对自己照顾不周，而不是自己对别人是否拥有足够的耐心，对别人的宽容度有多少，有没有考虑过别人的感受。所以人总感觉不幸福，因为总不想付出却总想得到最大的回报。但很多时候，总是在你默默付出后能得到更多。

心怀感恩，一生温暖

生活中，当我们享受清洁的环境时，要感谢那些保洁工作者；当我们喜迁新居时，要感谢那些建筑工人；当我们食用绿色健康食物时，要感谢农民兄弟；当我们出行时，要感谢司机；当我们读一本好书时，要感谢作者的创造。朝霞捧出了黎明，大地哺育了生灵，当我们出生之时，我们要感谢母亲赐予的生命，以及生活赠予我们的友谊和爱情……所有的这些，我们都要怀着一颗感恩的心去体味和品尝。

感恩是爱的根源，也是快乐的源泉。如果我们对生命中所拥有的一切能心存感激，便能体会到人间的温暖以及人生的价值。班尼迪克特说："受人恩惠，不是美德，报恩才是。当他积极投入感恩的工作时，美德就产生了。"

感恩之心会给我们带来无尽的快乐。为生活中的每一份拥有而感恩，能让我们知足常乐。感恩不是炫耀，不是停滞不前，而是把所有的拥有看作是一种荣幸、一种鼓励，在深深感激之中进行回报的积极行动，与他人分享自己的拥有。感恩之心使人警醒并积极行动，更加热爱生活，创造力更加活跃；感恩之心使人向世界敞开胸怀，投身到仁爱行动中去。没有感恩之心的人，永远不会懂得爱，也永远不会得到别人的爱。

我们每个人都应该明白，生命的整体是相互依存的，世界上每一样东西都依赖其他东西。无论是父母的养育、师长的教诲、配偶的关爱、他人的服务、大自然的慷慨赐予……人自从有了自己的生命起，便沉浸在恩惠的海洋里。一个人真正明白了这个道理，就会感恩大自然的福佑，感恩父母的养育，感恩社会的安定，感恩食之香甜，感恩衣之温暖，感恩花草鱼虫，感恩苦难逆境。就连对自己的敌人，也不忘感恩。因为真正促使自己成功，使自己变得机智勇敢、豁达大度的，不是优裕和顺境，而是那些常常可以置自己于死地的打击、挫折和对立面。

许多成功的人都说他们是靠自己的努力。事实上，每一个登峰造极的人，都受到过别人许多的帮助。一旦你明确了成功的目标，付诸行动之后，你会发现自己获得过许多意料之外的协助。你必须感谢这些帮助你的贵人，同时感谢上天的眷顾。

卡耐基曾经说过一句至理名言："感恩是极有教养的产物，你不可能从一般人身上得到。忘记或不会感恩乃是人的天性。"

曾在一本书上看到一个故事：一天下午，耶稣让十个瘫痪的人起立行走，九个人高兴得一下子跑得无影无踪，只有一个人磕头表示感谢后才离开。

感恩，是美的字眼，是种高贵的品质，是贵族的精神，并非人人具备。感恩是一种深刻的感受，能够增强个人的魅力，开启神奇的力量之门，发掘出无穷的智慧。感恩也像其他受人欢迎的特质一样，是一种习惯和态度。你必须真诚地感激别人，而不只是虚情假意。

一个懂得感恩的人，当他们意识到上天的丰厚赐予时，会真正地满足和快乐起来。他们感激别人对他们的付出。当一个人记起了信心、梦想和希望是促使他生活下去的原因时，他就会越伟大却越谦卑。任何人以自己的成功为荣时，都应该想起他从上天和别人那里接受的东西有多少。这样就不会为所失耿耿于怀，相反，会为所拥有的欢呼不已。

感恩和慈悲是近亲。时常怀有感恩的心态，你会变得更谦和、可敬且高尚。

气质女人每天都该用几分钟的时间，为你的幸运而感恩。所有的事情都是相对的，不论你遇到何种磨难，都不是最糟的，所以你要感到庆幸。

"谢谢你""我很感谢"，这些话应该经常挂在嘴边。以特别的方式表达你的谢意，付出你的时间和精力，比物质的礼物更可贵。

"求同存异"交朋友

相传在喜马拉雅山中有一种共命鸟，它只有一个身子，却有两个头。有一天，其中一个头在吃鲜果，另一个头则想饮清泉。由于清泉离鲜果的距离较远，而吃鲜果的头又不肯退让，于是想喝清水的头十分愤怒，一气之下便说："好吧，你吃鲜果却不让我喝清水，那么我就吃有毒的果子。"结果两个头同归于尽。

还有一条蛇，它的头部和尾部都想走在前面，互相争执不下，于是尾巴说："头，你总在前面，这样不对，有时候应该让我走在前面。"头回答说："我总是走在前面，那是按照早有的规定做的，怎能让你走在前面？"两者谁也不服谁，尾巴看到头依然走在前面，就生了气，卷在树上，不让头往前走。它逮到头放松的机会，立即离开树木走到前面，最后掉进火坑被烧死了。

无论是两头鸟还是头尾相争的蛇，因为不懂得求同存异的道理，两败俱伤，最终受到伤害的还是自己。如果那只鸟的一个头先让另一个头喝到水，再过去吃鲜果，那自己也不是没有什么损失吗？只是哪个先哪个后的问题。人有时候实际上和这只两头鸟一样，不愿意让自己的利益受到一点点的损失，别人的一点儿要求也不能满足，所以到头来自己也一无所获。

这世上的事物千奇百怪，人与人之间也有着众多的差异，生活背景、生活方式、个性、价值观等的差异，让我们的相处也存在着或多或少的困难。无所谓希望或者失望、信任或者背叛，我们所能做的只能是相互尊重、相互包容、求同存异、真诚相对，不必强求一致。

茫茫人海，相遇、相识即是有缘，如果能争取更进一步相知、相爱固然最好，如果不能，又何必强求呢？"相逢何必曾相识，相识何必曾相知……"

正是因为这种差异性的存在，在客观上便要求我们要做到"求同存异"，即寻找彼此相同地方的同时，尊重客观存在的差异性，从而实现合作。因此，要做到"求同存异"，"尊重"是基础，而且还需要有耐心、能包容、心胸开阔。如果能将这一条与取长补短、开诚布公协调运用，那么，不仅双方能表达得更为顺畅，而且还能从中学到不少的新东西。

我们要逐渐学会求同存异，保留相同的利益要求，与人相处也要照顾别人的利益，在自己的利益与别人的利益之间求中间值，自己的利益和别人的利益都得到实现，否则谁会让自己完全吃亏，而让你最大限度地获益呢？

如果不懂得求同存异，那么，你就很有可能在面临差异与分歧的时候不顾"同根生"而"相煎太急"，最终使双方都受到巨大的伤害。

在生活和工作中，我们也该本着"求同存异"的原则与他人相处。寻找人与人之间的共同点往往是打造良好人际关系的开始，也是求同存异的前提条件，并且在共同点的基础之上相互尊重对方的差异性，只有这样才能与对方进行合作，并且最终获得双赢。

第八章

**修炼涵养与外在，
不过是为了取悦自己**

温柔，是女人最高级的性感

所谓女人味，是指那种含蓄、优雅、贤淑、柔静的女人的味道，也是一种令男性不可抗拒的力量。尤其是处于相对保守的东方社会，男人所期望的仍然是温柔的女性，如果女性的行为太开放，言语太大胆，语气太强硬，男士们都会望而却步。

温柔是女性独有的特点，也是女性的宝贵财富。如果你希望自己更完美、更妩媚、更有魅力，你就应当保持或挖掘自己身上作为女性所特有的温柔性情。须知：做女人，不能不懂温柔；要做个百分之百女人，不能丧失温柔；要成为幸福快乐的女人，绝对不能不温柔。

通透的女人知道，女人最能打动人的就是温柔。温柔而不做作的女人，知冷知热，知轻知重。和她在一起，内心的不愉快也会烟消云散，这样的女人是最能令人心动的。

女性的温柔是民族遗风、文化修养、性格培养三者共同凝练所致。一个通透的女人，善于在纷繁琐事忙忙碌碌中温柔，善于在轻松自由欢乐幸福中温柔，善于在柳暗花明时温柔，善于在关切和疼爱中融合情人与妻子两种温柔，善于在负担和创造中温柔，更善于填补温柔、置换温柔，这些是走向成功的不可轻视的艺术。

　　温柔是一种美德，一种足以让男人一见钟情、忠贞不渝的魅力。的确，在男人挑剔的眼光中，盯着女人的美丽的同时心里还渴求温柔。在充满浪漫与憧憬的青年时代，美丽或许会占上风，可当从感性回到理性的认识中时，男人就会越发明白：温柔比美丽可爱。事实上也是如此，在季节的变迁、时间的轮回中，美丽的外表会失去光泽，而温柔将会永驻。这自然形成的女性温柔古往今来给人间带来多少深情挚爱、温馨和谐，让男人不能忘怀。恋人的温柔款款仿佛催化剂，催促着爱情的花果早日绽放成熟。夫妻的温柔像一缕春天的阳光，像一轮秋夜的明月，为生活平添温馨和明净。夫妻的温柔又若高强度的凝结剂，为点点滴滴凝结的金光点缀着幸福。

　　看一个女人善良不善良，就看她是不是温柔。人总是以善为本，如果善良是平静的湖泊，温柔就是从这湖上吹来的清风。

　　温柔里面包含着深刻的东西，这就是爱。这种爱之所以深刻，是因为不是生硬地表演出来的，而是生命本体的一种自然散发。温柔可不是娇滴滴，嗲声嗲气。这里有真假之分。娇滴滴、嗲声嗲气有时是假惺惺，是故作姿态。而温柔是真性情，是骨子里生长出来的本然的东西。一个女人站在面前，说上几句话，甚至不用说话，我们就能感觉到这个女人是温柔还是不温柔。

　　可能你在事业上不是一个女强人，学历并不高，厨艺也不怎么样，你的手很笨拙，长相也一般，总之你绝对不能算得上是一个十全十美的俏佳人，但你有一大特点——温柔，这就足以吸引许多男人的注意力。因为在他们眼中，你的这一特点胜过世间一切的景致。

　　温柔的女人就是上帝派来的爱的天使。人们常说："水做的女人，泥做的男人。"有了如水般的温情，再硬的顽石也会消融。通透的女人用温柔征服男人，征服世界。

温柔的女人具有一种特殊的魅力，她们更容易博得男人的钟情和喜爱。这样的女人像绵绵细雨，润物细无声，给人一种温馨的感觉，令人心荡神驰、回味无穷。

女人的温柔像沙漠里日夜吹起的风沙一样，当这温柔之沙飞扬起来时，是具有掩盖一切的姿态和力量的，虽是"沙"，却那么柔。女人的温柔像无孔不入的水滴，它可以涵养孕育世间的万物生灵……

绝对要优雅

　　有人这样说："你的粗俗将会毁了你的幸福。只有举止优雅的女人，才会赢得男人的尊重和爱。"优雅，表现了女人有修养，有内涵，她们在一举手、一投足之间，都会使人觉得恰到好处，很有分寸。

　　人们往往对举止粗鲁、不讲文明的女人嗤之以鼻，即使这种女人腰缠万贯，也没有人愿意把她们当座上宾看待。优雅的女人则不同，即使她们没有钱，即使她们没有什么名声地位，就凭她们的优雅举止，便足以赢得人们的尊重。

　　很多人都喜欢以迷人的优雅气质著称的女影星格蕾丝·凯莉和奥黛丽·赫本。格蕾丝·凯莉智慧而优雅的气质，让她红遍全世界，甚至使这位有着"王妃"气质的灰姑娘在某一天成了真正的王妃。自此之后，其装扮言行愈加散发出高贵典雅之气。赫本的优雅，纯净而清丽，仿佛天上仙女般一尘不染，虽举手投足间仍有些稚气，却难掩那份与生俱来的优雅。

　　20世纪末，又有一位幸运得叫人嫉妒的好莱坞女孩出现在大众面前，她就是格温妮丝·帕特洛。这位并不漂亮的女子亦是以现代女孩少有的欧洲式优雅而耀眼无比。高挑修长的帕洛具有高雅而不失现代的气质，其品位出众而时尚的衣着让人十分欣赏。

就是这个五官平平的女孩，她的优雅简洁又透着些新时代随意风格的着装方式说明，脸蛋不漂亮的女人也可以美丽。

对于女性而言，气质源自吸引力，良好的形象包括仪容、仪表和心态；气质源自女性内心的涵养、对礼仪的理解、优雅的谈吐和得体的穿着；气质源自良好的修养，包括品德修养和文化修养；气质源自好的心态，这是女性在感情、事业生活中如鱼得水的保证，也是增添自身魅力的重要因素。

优雅是一种恒久的时尚，当优雅成为一种自然的气质时，这个女人一定会变得成熟、温柔。女人必须学会改变自己，去读书、学习、发现、创造，它们能让你获得丰富的感受、活跃的激情；要学会爱自己、赞美自己，善待自己也善待别人，让生活充满意义。

优雅是不分阶层、贫富贵贱的，它是一种处乱不惊、以不变应万变的心态。做一个优雅女人，就是相信自己、相信爱情、相信人生中所有美好的东西。

真正的优雅来自内心的"神韵"之美，是充实的内心世界，是质朴的心灵付诸外在的真挚表现，是自信的完美个性的体现。而所有的这些都来自你所受的教育、你的自身修养以及你对美好天性的培养与发展。

一个优雅的女人在工作和生活中，应始终保持一种开阔的胸怀，这不仅是生存的需要，更是人生快乐的源泉。女性不仅要让"女人是弱者"的说法改变，而且还要将女性气质中的恬静、温和等充分发挥出来，在婚姻生活、工作中处处展现出女人的迷人气质。一个优雅的女人拥有一颗宽容和接纳的心，用自己的内在魅力征服对方。一个优雅的女人自主性强，这是现代女性成功所必备的心理素质，同时也为现代女性增添了另一番风韵，是一个气质女性所应追求和塑造的形象。

优雅的女人都有一份同情心，对弱者或是受到委屈的人们总会表示出由衷的同情，并理解他们，给他们以适当的安慰和帮助。

善良是优雅女人的特性。假如你有一颗善良的心，待人宽厚，从不苛求他人，而且经常帮助一些老人、小孩子，那么，即使你不是很漂亮，在这个物欲横流的世界里，你不俗的优雅气质依然会让人心动。

一个优雅的女人懂得爱惜自己的身体。身体是生活的本钱，只有健康才能让自己活力四射。优雅的女人开朗乐观，遇到挫折时敢于勇敢面对，用女性特有的韧性，在克服困难的过程中寻求属于自己的幸福。

一个优雅的女人对未来有着崇高的理想，追求事业上的成功，用充满自信的目光看待每一件事，每一个人。她的思想不会陈旧，人生也不会走向退化。

一个优雅的女人应该尽量让自己拥有广泛的兴趣爱好，并能持之以恒。

优雅的女人犹如一束洁白的百合花，散发出淡淡的香味，她内心高贵，才华横溢。那低头浅浅的一笑，用手轻轻地滑过那额头的发丝，脸上挂着淡淡的微笑，即使伤心也是泪光点点。优雅的女人有修养，富有内涵，于举手投足之间散发出一种高贵的气质。

女人的智慧和修养是靠点点滴滴的积累，而不是一蹴而就的。迷人的优雅姿态并非与生俱来，它需要后天的修养与锤炼。所以，女人应该认真度过每一天，让每一天都成为增加自身魅力的一个砝码，让优雅成为一种自然而然的习惯与状态，打造属于自己的风景和美丽。

自信的姑娘自带光芒

一个女人将成为怎样的女人，固然与环境有关，但是，环境不能造就你，你之所以成为自己，是你选择的结果。即使你手无缚鸡之力，让他人控制了你的环境，但他不能控制你的心态。你的心态决定你的选择，你的选择创造你的生活，并决定你能成为一个怎样的人。

每个人都是自己思想的产物，胜败都由自己选择。所以，我们要积极思考，充满信心，执着、认真地相信自己，相信你一定能够成功。

自信就如一道照亮人生路的灯塔，在人生的各种境遇中它都能指引人不断地向前，在犹豫的时候它告诉你：你可以的，于是提起行囊继续前行。

通透的女人，相信命运握在自己手里。自信的女人自带光芒，外表光彩照人。自信的女人神采飞扬，气度不凡。自信是 种顽强的生命力，往往可以产生意想不到的效果。可以让人排除各种障碍，克服各种困难。

自信与沉鱼落雁、闭月羞花的容貌和良好的身材没有绝对的关联。人世间不是所有人都有绝代佳人的美貌，也不是所有人都身出名门，但是自信的人却会光彩熠熠。

环球小姐吴薇本来只是一名银行职员，根本没有什么舞台经验，但她所展示的一份自信的魅力，征服了所有评委。

2003年4月，吴薇参加了环球小姐中国赛区的比赛。她希望趁自己还有比较好的状态时去认识一下五湖四海的女孩。吴薇注重的是参与的过程而不是结果，所以尽管在分赛区的比赛中，她只得了第四名，但她还是积极地参与到总决赛的培训中，把自己最好的精神风貌带到总决赛。自信的她终于捧得中国环球小姐桂冠。

她认为自己获胜的最大优势便是自信，自信是对美丽最好的表现。每个自信的女孩子，都能站到舞台上来，也都有机会拿到属于自己的人生大奖。

在后来的全球比赛初赛中，吴薇仅排在第十七名，无缘决赛。因为环球小姐评选跨越不同肤色、不同种族、不同文化，东西方必然存在强烈的审美差异。但吴薇并没有为了迎合评委而改变自我，她为自己是一名开朗而又内敛、含蓄的中国女性而自豪。虽然没能进入决赛，但通过吴薇出色的表现，世界人民看到了中国女性的风采，这就已经足够了。

比赛结束后，吴薇恢复了本色，她非常珍惜银行的那份工作。她觉得那里是最适合她的地方。明星的光彩毕竟只是一时的，而职业的美丽才是永远的。25岁的她已经是行里最年轻的副经理了。她认为一个人只要相信自己的能力不比别人弱，带着自信的笑容和充满自信的眼光看待每一件事、每一个人，并学会宽容，就可以在工作中游刃有余。

的确，无论是在舞台上，还是在工作中，自信的吴薇永远美得精彩。她敢于展示自己的风姿，敢于让全世界发现东方女性的美好，敢于跳出设定的审美框框，不去刻意改变自我。自信的她，就是一个至真至纯的出色女人。

自信是一种迷人的个性，自信的女人总是精神焕发、昂首挺胸、神采奕奕、信心十足地投入生活和工作当中。自信让你神采飞扬，令普通的装束平添韵味；自信给你不凡的气质，使出色的你更加光彩夺目。让我们把自信当作外套，神采奕奕地度过每一天。

自信的女人不惧怕失败，她们用积极的心态面对现实生活中的不幸和挫折，她们用微笑面对扑面而来的冷嘲热讽，她们用实际行动维护自己的尊严。这一切都淋漓尽致地表现出自信者的气质，一种坦诚、坚定而执着的向上精神。

自信的女人，不会整天张狂霸气，高呼女权至上。超越男人的方法，不是把他们的霸权还给他们，而是活得跟他们一样舒展、自信；也不是整天向男人发出战书，和谐、平等和互助的两性关系才是社会进步的动力。

美貌可使女人骄傲一时，自信却可使女人魅力一生。或许你没有超群的外貌，但是你不能没有自信。自信使人产生魅力，自信使人散发气质魅力。一个有气质魅力的女人，无论走到哪里，常常会成为男人注目的焦点，女性羡慕或嫉妒的对象。

有些女人认为魅力是天生的，与己无缘，因为自己长得不漂亮，身材不苗条，又没有高档的服饰包装，一辈子也不奢望拥有它。其实，每个女性都有属于自己的那一份魅力，只是因为你太自卑、太缺乏自信，以致你的优点、长处、潜在之美得不到挖掘和展示罢了。

即使你的容貌远远达不到所谓的"佳人"，才华也远远达不到所谓的"才女"，只要你努力做到自信、自爱、自强，也仍然可以寻求到那一份属于你的气质魅力。即使你是一个非常平凡的女人，只要你对生活充满信心，在人生的舞台上，定能焕发出属于你的那一份女性的气质光彩。

人生有很多需要自信的时候，在那些时刻，不同的选择就代表了不同的未来。对女人来说，更要勇于面对，因为这个社会中属于女人的机会并不多。自信心往往可以产生想象不到的力量，就像一种看不见的磁场。当一个女人拥有了自信，整个人就会散发出非同一般的光彩。

一个自信的女人坦然地对待生活的馈赠，幸福也好、苦难也罢，总有勇气去承受，即使面对道路上的泥泞，她仍有前进的动力。自信让她一路披荆斩棘，并不断地完善自己，精神焕发地投入生活的下一段长河。

人生充满着各种滋味，当那些苦的味道一股脑袭来，女人莫如一枝败了的花，耷拉着脑袋，或者在一声声的叹息声中熄灭光芒。当天上的太阳升起的时候，万物依旧灿烂，怀抱着美的希望继续生长，并坚信开花。

自信使女人变得挺拔。如果说女人的资质玉琢石雕，光泽可鉴，那么，女人的自信亦浓墨淡彩，风格各异。自信就像人生路上的灯塔，在照亮路的同时，闪耀自身。

微微一笑很倾城

　　有位世界名模曾说过这样一句话："女人出门时若忘了化妆，最好的补救方法便是亮出你的微笑。"微笑是女人所有表情中最能给人好感、愉悦心情的表现方式。卡耐基先生也曾提醒我们："一个人的面部表情亲切、温和、充满喜气，远比他穿着一套高档、华丽的衣服更吸引人注意，也更容易受人欢迎。"古龙更是有一句妙语："笑得甜的女人，将来的命运都不会太坏。"确实如此，幸福的女人绝对不会拉长了脸度日，带着甜美微笑的女人，往往生活得都很快乐。

　　达·芬奇的名画《蒙娜丽莎》中，那神秘而安详的微笑只属于女人，那永恒的微笑迷了世人几个世纪。卡耐基就告诫所有的女人：像蒙娜丽莎那样微笑吧，如果一个女人脸上永远挂着蒙娜丽莎般迷人的笑意，无论她牛得多么丑陋，一抹微笑会遮掩她后天的缺陷与不足，她在男人眼里，足以和天使相媲美。

　　从《诗经》里的"巧笑倩兮，美目盼兮"到杨贵妃的"回眸一笑百媚生，六宫粉黛无颜色"，从周幽王为博美人褒姒一笑烽火戏诸侯到狐女婴宁憨痴的笑容惹王生神魂颠倒，我们都可以从中看到微笑的魔力。别说是美人的笑了，即使只是一个小女孩的笑，也会引发令人难以置信的奇迹。

在二十年前的美国，曾发生一件轰动性新闻：一个陌生人将4万美金现款给了加州一个6岁的小女孩。大家都很惊奇，在大人的一再追问下，小女孩终于说出了令大家都没想到的答案："他好像说了一句话——你天使般的微笑，化解了我多年的苦闷！"原来，这个陌生人是一个富豪，但过得并不快乐。因为平时给人的感觉太过于冷酷，几乎没人敢对他笑。当他遇到小女孩的时候，她那天真无邪的微笑驱散了他长久以来的孤寂，打开了他尘封多年的心扉。

微笑是一种很神奇的力量，发自内心的微笑会让自己感觉到幸福，同时也给了别人温暖。它就像是心里飘出的一朵莲花，美丽，令人一见倾心。微笑是最原生态的吸引，它会让人有被认可、被喜欢的安慰感。

纯净的微笑，善良的意念，能让人产生一种自然的吸引力，吸引周围的人自然而然地愿意与我们亲近。真诚无邪的微笑能使人回到善意的初衷，那就是所谓的欢笑时才是人脱离人为的价值观、独立起来的宝贵时段，不用为此而惊奇。因为正是在这个惊奇的时段，人的心理才会是不偏不倚的。

微笑，有时候真能让人觉得整个世界都变得温暖起来了。一个不漂亮的女子，她在阳光下的恬淡微笑，那种美丽，那种温暖，是那些浓妆艳抹永远用画皮来示人的美女们无法比拟的。网上有一句很经典的话是这么说的："要记得永远保持着微笑，即使是在你难过的时候，因为有人可能会因你的微笑而爱上你。"

有的爱，是从一个微笑开始的，不要怀疑。我们很多人其实都是孤独的天使，独自生活在冰封的世界里，一个温暖的微笑可以让人从冰山之巅走到春暖花开的地方。有时候，微笑比语言更有魔力。我们会因为看到一个男孩温暖的微笑爱上他，他也很可能会因为一个天使般的微笑爱上那个女孩。

微笑的女人是快乐的，也是幸福的。微笑是自信的动力，也是礼貌的象征。人们往往依据你的微笑来获取对你的印象，从而决定对你的态度。如果人人都不吝啬自己的微笑，人与人之间的沟通将变得更为容易。

有些人在第一次见面时，通常会有一种不安的感觉，存有戒心，唯有真挚友善的微笑，可以消除这种心理状态。微笑是友好的象征，是人际关系的润滑剂。一个人脸上时常浮现微笑，会令人感到心中十分温暖。

微笑是打开愉快之门的金钥匙。发自内心的微笑是女人美好心灵的外现，也是心地善良、待人友好的表露。懂得对自己微笑的女人，她的心灵天空将随之明朗；懂得对别人微笑的女人，将会拥有美丽的人生。

做一个通透的女人，用微笑包装自己。

才情，是女人最美的芳华

女人可以不美丽，但不能无才情，因为才情能重塑美丽。唯有才情能使美丽长驻，能使美丽有质的内涵。

谚语云："才情是穿不破的衣裳。"衣裳，自然是与风度美息息相关的。所以，现代女性中注重培养自身风度之美者，在不断改善自身的意识结构和情感结构的同时，无不特别注重改善自身的智力结构；积极接受艺术熏陶，使自己的风度擢取浓重的才情之光。

"才情之美"的魅力，是拥有独立自主的意识状态和自尊自重的情感状态。才情女性勇于接受来自各方面的挑战，善于从大自然与人类社会这两部书中采撷才情，从而不再留有"男性附庸"的余味。

富于才情的女性，善于对日常应用的思维方式和行为方式进行艺术的提炼。例如遇人、遇事如何以有效的思维方式，迅速采用最恰当的接待方式，以便使行为方式表现出稳重有序、落落大方的风度。

才情女人的优雅举止令人赏心悦目，她们待人接物落落大方；她们时尚、得体，懂得尊重别人，同时也爱惜自己。才情女人的女性魅力和她的为人处世的能力一样令人刮目相看。

灵性是女性的才情，是包含着理性的感性。它是和肉体相融合的精神，是荡漾在意识与无意识间的直觉。灵性的女人有那种单纯的深刻，令人感受到无穷无尽的韵味与极致魅力。

弹性是性格的张力，有弹性的女人收放自如，性格柔韧。她非常聪明，既善解人意又善于妥协，同时善于在妥协中巧妙地坚持到底。她不固执己见，但白有一种非同一般的主见。

男性的特点在于力，女性的特点在于收放自如的美。其实，力也是知性女人的特点。唯一的区别就是，男性的力往往表现为刚强，女性的力往往表现为柔韧。弹性就是女性的力，是化作温柔的力量。有弹性的女人使人感到轻松和愉悦，既温柔又洒脱。

真正的才情女性具有一种大气而非平庸的小聪明，是灵性与弹性的结合。一个纯粹意义上的"知性"女人，既有人格的魅力，又有女性的吸引力，更有感知的影响力。她不仅能征服男人，也能征服女人。

才情女性不必有闭月羞花、沉鱼落雁的容貌，但她必须有优雅的举止和精致的生活。

才情女性不必有魔鬼身材、轻盈体态，但她一定要重视健康、珍爱生活。

才情女性在瞬息万变的现代社会中，总是处于时尚的前沿，兴趣广泛、精力充沛，保留着好奇、纯真的童心。

才情女性不乏理性，也有更多的浪漫气质。春天里的一缕清风，书本上的精辞妙句，都会给她带来满怀的温柔、无限的生命体悟。

才情女性因为经历过人生的风风雨雨，因而更加懂得包容与期待。

才情女性内在的气质是灵性与弹性的完美统一。

才情女子是天上的彩霞，一抹微笑、一个眼神、一句睿智的话，都值得你回味、心醉。

通透的女人，绝对会投资自己的才情！那么，又该如何提高才情呢？

一般而言，中国传统的琴、棋、书、画是充实才情的最好方式。因为这四者中无论哪一种，其本身都蕴涵着极其深厚的文化底蕴，这对学习者心灵的滋养是大有好处的。另外，也可以运动、读书等。只要培养起一门业余爱好，无论是跳芭蕾，还是唱卡拉OK，或是其他的什么，凡是那些有益身心的事，都可能在潜移默化中对你的心性养成产生影响。

你的气质，藏在读过的书里

　　美貌是会随岁月的流逝而消逝的，而智慧则是永存的。聪明机智的头脑和学而不倦的热情，才能赋予美丽以深刻的气质内涵，才能使美丽常驻——这才是真正的无价之宝。

　　女人的美有两种最基本的划分：一种是外在的形貌美，一种是内在的心灵美。

　　外在美的女人是自身美的凝聚和显现，它既能给自身以极大的心理满足和心理享受，又能给他人以视觉上的美感，使人赏心悦目。追求外在的形貌美，是女人的本能天性，不应加以禁锢和压抑，而应该从美学上加以积极引导。

　　内在的心灵美可以给人留下难以磨灭的印象，能引起人内心深处的激动，在人的心灵上打下深刻的烙印。内在美操纵、驾驭着外在美，是女人美丽的源泉。正因为有了内在美的存在，女人才能真正成为完美的女人，才能让人产生由衷的美感。所以说，内在美比外在美更具有无可比拟的深度与广度。

　　"寂寞精灵"张爱玲尽管貌不惊人，但她那弥漫着旧上海阴郁风情的文章以及她深邃的内心世界，使当代人对她的回忆像一坛搁了多年的老酒，越品越香醇。李碧华曾评价她说："文坛寂寞得恐怖，只出一位这样的女子。"

而现在，由于媒体和广告铺天盖地的宣传，很多年轻的女孩子远离了书房，且过分注重外表的修饰和打扮，浮躁肤浅的心态扭曲了她们对美的诠释。即便是一夜成名，也会像昙花一现，留给人们的只是一个模糊的影子，用不了多久就彻底消逝在别人的回忆里。

因此，通透的女人会非常注重内在知识的丰富、智慧的修养，这对气质女性来说是至关重要的。知识将使女性魅力大放光彩。

"读史使人明智，读诗使人灵秀，数学使人周密，科学使人深刻，伦理学使人庄重，逻辑修辞学使人善辩。"培根在《随笔录·论读书》中写出了读书的益处。

喜欢读书的女人内心是一幅内涵丰富的画，文字可以书写性情，陶冶情操。喜欢读书的女人常常是有修养、有素质的女人。一个女人最吸引人的地方就在于她丰富的内心世界，从而表露出来的优雅气质。"书中自有黄金屋，书中自有颜如玉。"岁月的流逝可以带走姣好的容颜，却无法带走女人越来越美丽和优雅的心灵。书籍，是女人永不过时的生命保鲜剂。

世界有十分美丽，但如果没有女人，将失掉七分色彩；女人有十分美丽，但如果远离书籍，将失掉七分内蕴。读书的女人是美丽的，"腹有诗书气自华"，书一本一本被女人读下肚的时候，书中的内容便化成了营养从身体里面滋润着女人，由此女人的面貌开始焕发出迷人的气质和光彩。那光彩优雅而绝不显山露水，那光彩经得起时间的冲刷，经得起岁月的腐蚀，更加经得起人们一次次的细读。正因为如此，女人将不再畏惧年龄，不会因为几丝小小的皱纹而苦恼。因为，女人已经拥有了一颗属于自己的智慧心灵，有自己丰富的情感体验，女人生活中的点点滴滴，将会书香四溢。

女人需要博览群书，以放眼世界。而且在广泛阅读的同时，还要善于思考，不盲从，也不偏执，这样才能培养一颗丰富和广博的心灵。

书是改变一个人最有效的力量之一，书是带着人类从蛮荒到启蒙的捷径，书还是女人修炼气质之路上最值得信赖的伙伴，那么，就让我们沐浴知识的光辉，做一个美丽芳香的气质美女吧。

做一只旅行青蛙，永远在路上

看过杰克·凯鲁亚克的《在路上》这本小说的女性朋友都有一个共同的感受，阅读此书仿佛是一场旅行的开始，听作者诉说着青春的激情，或飞扬，或沉沦，在喜悦的心情下欣赏他们漫游的传奇故事。

小说的主人公迪安带领萨尔等人开始了一场看似盲目的旅行。一路上，他们搭车赶路，结识陌生人，放纵性情，随心所欲，在聚众旅行的狂欢中，几乎没有道德底线，即使落魄如乞丐，但只要"在路上"就是惬意的。

书中的人物不停地穿梭于公路与城市之间，每一段行程都有那么多人在路上，孤独的、忧郁的、快乐的、麻木的……纽约、丹佛、旧金山……城市只是符号，是路上歇息片刻的驿站，每当他们抵达一个地点，却发现梦想仍然在远方，于是只有继续前进。

作者曾经借书中迪安之口对萨尔发问："你的道路是什么，老兄？——乖孩子的路，疯子的路，五彩的路，浪荡子的路，任何的路。到底在什么地方，和什么人，怎么走呢？"这也正是对一代又一代年轻人的提问，它以无与伦比的诱惑吸引着无数人上路。

《在路上》里的人物实际上是在"寻求，他们寻求的特定目标是精神领域的，虽然他们一有借口就横越全国来回奔波，沿途寻找刺激，他们真正的旅途却在精神层面；如果说他们似乎逾越了大部分法律和道德的界限，他们的出发点也仅仅是希望在另一侧找到信仰"。

如今，"在路上"已经成为一种追逐精神自由飞扬的符号，它穿越了几代人，具有了普遍意义。背起行囊激动地上路，探求不可预知的旅途，似乎就可以"掌握开启通向神秘的种种可能和多姿多彩的历练本身之门"，"在路上"更像是不甘现状、奔赴梦想、寻找彼岸的一种自由自在的生活方式。

而前段时间，有一只青蛙风靡了整个网络，它喜欢旅行，穷游富游都可以，经常说走就走，短则出去一两天，也有时玩上三四天，这是一只向往着"诗与远方"的青蛙。也许这只青蛙的爆红，本质上也透露了当下很多人对于旅行的向往和重视，其中尤其明显的是女人。在这个浮躁的时代背景下，越来越多的女人也开始去大自然寻找内心的宁静，而不再是把自己的人生局限于某个办公楼的写字间，不再一直扮演着家庭主妇的角色。她们更喜欢"在路上的感觉"，行进在路上，甚至不问还有多远，还要走多久。她们只是留恋路上的风景，美丽的或是残酷的，只是追逐一种"在路上"自在的生活方式。

尹珊珊是一个 1982 年出生的美女作家，在北京大学获得硕士学位，后又在中央戏剧学院获得博士学位。如今是一位时尚、读书专栏作家，也是一位旅行狂人、阅读狂人、赚钱狂人。

尹珊珊认为，女人的品质生活与真正的智慧有关，这来源于她坚持每天阅读的习惯。每一年，她都会利用靠"卖文"积攒下来的稿费到世界各地旅游，把满满的钱包变成一段段美好的回忆。

尹珊珊坚持工作和生活要严格分开的原则。她说工作的比例占到20%就好，其余都是生活。这样，我们在工作中丧失的尊严，可以用工作以外的生活弥补回来。工作一定要是你擅长的，但千万不要是你热爱的。

尹珊珊还认为，只要你有梦想就一定要去实现，哪怕在别人看来那是一件疯狂的事情，否则就会成了遗憾。尹珊珊说她最大的梦想是去智利最南端的海角，叫合恩角，在电影《春光乍泄》里提到的"世界最遥远的灯塔"就在那里。因为这个地方非常不容易到达，堪称航海界的"珠穆朗玛峰"，所以它是她终其一生的梦想。她甚至想过在脖子上挂一个牌子，写上："只要你可以带我去合恩角，我可以为你做任何事。"如果不是有心中最渴望实现的想法，绝说不出如此疯癫的语言。

尹珊珊就是这样一个"永远在路上"的女博士，是一个坚持与文字和旅行舞蹈的人。行走是她一贯的姿势。路途中她循着内心的意愿，踽踽独行。

我们来自大自然，只有回归大自然，我们才能找到本真的自己。这正如爱默生所说的："人是一种活动的植物，他们像树一样，从空气中得到大部分的营养。如果他们总是守在家里，他们就憔悴了。"所以，请走出城市，走进自然吧，生机勃勃、博大精深的大自然将给我们提供身心发展最丰富的营养。

生活中，没有任何困难或逆境可以成为我们畏缩不前的理由，当我们犹豫彷徨、怀疑自己时，你只有突破所有局限自己的障碍，开放自己的心灵，才能行走在自由的道路上。"永远在路上"需要一种生命和梦想的强烈激情。吃饭可以等，休息可以等，但眼下这一刻，它丝毫不能等待的就是开始这趟旅程——行走。只要脚步永不停歇，我们才能去看最好的风景，去爱最爱的人。

有一个业余爱好，挺好

生活中每天抽出一点儿时间来培养和从事一项自己的业余爱好，做一些自己喜欢做的事情，不仅有助于丰富我们的才情，还可以为我们忙碌的生活增添一份情趣。

美国前总统罗斯福即使在战争最艰苦的年代里，仍然坚持每天抽出一点儿时间来从事自己的小爱好——集邮。做自己喜欢做的事，可以让他忘记周围的一切烦心事，让心情彻底放松，让大脑重新清醒起来。

安娜是一家知名公司的经理，尽管自己的事业非常辉煌，但她总感觉到自己生活中缺了点什么东西似的。于是她选择了画画，每天从百忙中抽出一个小时来安心画画，不仅事业取得了辉煌的成就，而且她在画画上也得到了不菲的回报——多次成功地举办个人画展。安娜在谈起自己的成功时说："过去我很想画画，但从未学过油画，我从不敢相信自己花了力气会有多大的收获。可我还是决定学油画，无论做多大的牺牲，每天一定要抽一小时来画画。"

安娜为了保证这一小时不受干扰，唯一的办法就是每天早晨五点前就起床，一直画到吃早饭。安娜后来回忆说："其实那并不算苦，一旦我决定每天在这一小时里学画，每天清晨这个时候，就怎么也不想再睡了。"她把顶楼改为画室，几年来她从未放过早晨的这一小时，而时间给她的报酬也是惊人的。她的油画大量在画展上出现，她还举办了多次个人画展，其中有几百幅画以高价被买走了。她把这一小时作画所得的全部收入变为奖学金，专供给那些搞艺术的优秀学生。她说："捐赠这点钱算不了什么，只是我的一半收获。从画画中我所获得的启迪和愉悦才是我最大的收获！"

"琴书诗画，达士以之养性灵"，寄情于水墨丹青之中，沉浸于那洒满墨香的氛围之中，你的心胸会顿觉舒畅，感受艺术之美的同时感受生命之美，生活中一切不快便会"不放自下"。

如果你还不能肯定你真正喜欢什么，可以回忆一下年轻的时候，在养家糊口这种实际的生活打断你的浪漫之前，有什么曾引起你的兴趣？

洛塔尔从小就对网球感兴趣。她记得，自长大后就没离开过网球拍。在高中她是校网球队队长，在哈佛大学也是一样。她常常为了挣点零花钱而参加巡回表演赛。后来她成为一家公司的副总裁，但她从来没有放弃过对网球的热爱。退休后不久，她就加入了美国网球协会。

可见，拥有一项属于自己的业余爱好，不仅能够为气质女人缓解生活中的压力和苦闷，也是一种增进人生体验、挖掘生活乐趣的好方法，那么作为一个通透女人，何不培养一个业余爱好？一来消磨时光、二来也能增加生活乐趣、三来更能陶冶性情。